7天提升认知

文 智◎著

群言出版社
QUNYAN PRESS

图书在版编目（CIP）数据

7天提升认知 / 文智著 . -- 北京：群言出版社，2025. 1. -- ISBN 978-7-5193-1039-4
I.B842.1
中国国家版本馆 CIP 数据核字第 2025HJ9438 号

责任编辑：周连杰
封面设计：仙境设计

出版发行：群言出版社
地　　址：北京市东城区东厂胡同北巷 1 号（100006）
网　　址：www.qypublish.com（官网书城）
电子信箱：qunyancbs@126.com
联系电话：010-65267783　65263836
法律顾问：北京法政安邦律师事务所
经　　销：全国新华书店

印　　刷：三河市冠宏印刷装订有限公司
版　　次：2025 年 1 月第 1 版
印　　次：2025 年 1 月第 1 次印刷
开　　本：700mm×1000mm　　1/16
印　　张：12
字　　数：173 千字
书　　号：ISBN 978-7-5193-1039-4
定　　价：59.80 元

【版权所有，侵权必究】

如有印装质量问题，请与本社发行部联系调换，电话：010-65263836

目 录
CONTENTS

第一天

目标认知——设定财富目标

1.1 目标的魅力：为什么目标能帮你赚钱　　　　　　　　　/002
1.2 转变视角：用新思维设定赚钱目标　　　　　　　　　　/006
1.3 目标清晰法则：学会SMART，让你的目标更靠谱　　　　/010
1.4 预防陷阱：避开那些让你赚不到钱的心理误区　　　　　/013
1.5 随机应变：市场变，你的目标也得跟着变　　　　　　　/017
1.6 每天进步一点点：小步快走，财富目标不是梦　　　　　/021
1.7 调整航向：根据情况及时调整你的赚钱路线　　　　　　/025

第二天

决策认知——做个明智的投资者

2.1 决策的秘密：你的选择如何影响你的钱包　　　　　　　/030
2.2 风险认知：学会评估风险，让你的投资更安全　　　　　/033
2.3 决策一致性：保持你的决策前后一致，别自相矛盾　　　/038
2.4 决策好帮手：用预期效用理论来帮你做决定　　　　　　/042
2.5 风险偏好调整：认识自己的风险承受能力　　　　　　　/046
2.6 市场心理课：了解市场心理，做出更好的投资决策　　　/049
2.7 从错误中学习：分析你的决策，下次做得更好　　　　　/052

第三天

市场认知——读懂市场信号

3.1 市场认知入门：学会理解市场的动向 /058
3.2 策略选择：根据对市场的了解选择投资策略 /062
3.3 投资导航图：建立你的"认知地图"，让投资不再迷茫 /066
3.4 泡沫识别术：学会识别市场中的泡沫，避免上当受骗 /070
3.5 投资组合调整：优化你的投资组合，让收益更稳定 /074
3.6 持续学习市场：市场在变，你的知识也要更新 /077
3.7 趋势分析技巧：学会分析市场趋势，把握投资时机 /081

第四天

创新认知——开启财富新渠道

4.1 创新思维：创新是赚钱的新途径 /086
4.2 激发创意：多元化思维让创意源源不断 /090
4.3 面对挑战：遇到创新难题，怎么应对 /094
4.4 打破常规：打破传统思维，释放创新潜能 /098
4.5 持续创新：创新不停步，财富才能持续增长 /101
4.6 学以致用：把创新想法变成实际收益 /104
4.7 创新实践：把创新想法付诸实践，开启财富新源泉 /108

第五天

社交认知——扩大你的人脉圈

5.1 人脉的力量：社交网络如何帮你赚钱　　/112

5.2 提升影响力：通过社交认知提升你的个人魅力　　/116

5.3 网络效应：利用社交网络的倍增效应　　/120

5.4 团队协作：合作共赢，一起赚大钱　　/123

5.5 社交管理财富：利用你的人际关系来管理财富　　/126

5.6 提升社交技能：学会更好地与人交往　　/129

5.7 维护人脉：保持社交网络的活力，让财富源源不断　　/133

第六天

情绪认知——投资不慌乱

6.1 情绪与投资：情绪怎么影响你的投资决策　　/138

6.2 情绪智力：提高情绪智力，做出更冷静的选择　　/141

6.3 情绪管理：控制情绪波动，投资时保持冷静　　/145

6.4 长期心态：培养长远眼光，稳扎稳打　　/148

6.5 情绪与理性：找到情绪和理性之间的平衡点　　/152

6.6 改变态度：通过改变行为来影响态度　　/155

6.7 深入情绪认知：利用情绪对投资的积极作用　　/158

第七天

学习认知——不断进步的赚钱机器

7.1 终身学习：学习是财富增长的不竭动力　　　/162

7.2 知识管理：管理你的知识，就像管理你的财富　　　/165

7.3 学习加速器：利用学习曲线，让你的财富增长更快　　　/168

7.4 适应性学习：提高适应性，抓住每一个赚钱机会　　　/171

7.5 学习型团队：构建一个共同成长的团队，一起赚钱　　　/175

7.6 学创结合：将学习和创新结合起来，发现更多机会　　　/178

7.7 学习反馈：从经验中学习，不断优化你的赚钱策略　　　/182

第一天
Day 01

目标认知
——设定财富目标

1.1 目标的魅力：
为什么目标能帮你赚钱

你是否想过，为何有些人似乎总能赚得盆满钵满，有些人却总觉得钱不够花？答案可能就只是一个简单的词——目标。就像种菜需要先播种，赚钱也需要先设定个目标。目标就像能让你的财富增长的种子，没有目标，财富之树就难以生根发芽。

那么，为什么目标能帮你赚钱呢？

一、目标提供明确的方向

目标为你的财富增长提供了明确的方向。没有目标，无论你怎么努力，都会像无头苍蝇一样到处乱撞，而一个清晰的目标就像一盏明灯，可以照亮你前进的道路。当你知道自己需要什么的时候，你的决策和行动就会更有针对性、更有效率。这种明确的方向感能够让你集中精力，避免你在不重要的事情上浪费时间和资源。通过设定具体的目标，你可以更有意识地规划每一步工作，从而确保自己在朝着财富增长的方向迈进。

二、目标激发内在动力

目标能激发你的内在动力。当你设定目标时，不仅是在告诉自己你究竟想要什么，也在向自己承诺你将为之努力。这种承诺能够唤起你内心深处的渴望和决心，让你在面对困难和挑战时更有韧性，更有动力去克服它们。目标就像你的内在驱动力，能够让你在追求财富的道路上不断前进。目标不仅仅是一个简单的声明，更是一个能够激发你潜能的强大工具。

三、目标促进自我管理

目标能够帮助你更好地管理自己。一旦确定财富增长的目标，你就会更加关注自己的消费习惯、投资选择和储蓄计划。目标会督促你对自己的财务状况进行审视，从而做出更明智的财务决策。你会开始规划该如何增加收入、减少不必要的开支，以及如何投资，以获得更好的回报。这种自我管理的能力是实现财富增长的关键。

四、目标强化时间管理

有效的时间管理是财富增长的关键因素之一。当你设定目标后，就会开始更有效地规划自己的时间，确保每一分、每一秒都更有价值。目标可以帮助你区分哪些任务是优先级，哪些可以稍后处理，或者委派他人。这样一来，你就能确保在有限的时间内专注于那些更能帮助你接近财富目标的活动。通过优化自己的时间分配，你可以更高效地工作，从而更快地实现自己的财富目标。

五、目标促进资源优化

资源，无论是金钱、人脉，还是知识，都是实现财富增长的重要元素。设定目标后，你将更有意识地管理和优化这些资源。例如，你会更加关注并抓住投资回报率高的机会，或者寻找能够为自己带来额外收入的兼职工作。有了明确的目标，你就能识别、聚焦和充分利用手头的资源，以最有效的方式实现财富增长。这种资源优化的能力可以帮助你在竞争激烈的市场中拔得头筹。

六、目标激发持续性学习

财富增长的过程是一个不断学习和适应的过程。设定目标就意味着你愿意接受新的知识和技能，以适应不断变化的市场和环境。目标一旦确立，就会激励你学习新的投资策略、洞察市场趋势，以及学习新的职业技能。持续学习能够让你跟上时代的步伐，抓住新的财富增长机会，这是实现长期财富增长的关键。

七、目标促成积极习惯

习惯的力量不可小觑。当你围绕着财富增长的目标制订计划时，就会自然而然地建立一系列积极的习惯，比如定期储蓄、定期审视投资组合、持续学习财经知识等。随着时间的推移，这些习惯将成为你生活的一部分，帮助你稳步实现财富目标。这些好习惯的养成将为你的财富之路提供坚实的基础。

八、目标促进长期视角

设定目标能够帮助你建立长期的视角。在追求财富的过程中，我们往往很容易因为短期的波动和诱惑而分心。目标让你能够保持长远的眼光，专注于长期的战略和成果，而不是短期的得失。而这种长期视角恰恰是实现可持续财富增长的关键，能够让你在面对市场的起伏时保持冷静，坚持你的财务计划。

九、目标带来成就感

每当你实现一个目标，无论大小，它们都会给你带来成就感和满足感。这种正面的情绪反馈会进一步增强你的自信心和动力，让你更加坚定地追求更高的财富目标。同时，实现目标的过程也是一个学习和成长的过程，你会在这个过程中积累宝贵的经验和知识,这些都是财富增长路上不可或缺的一部分。成就感的积累将激励你继续前进,不断追求新的财富成就。

目标让我们的财富之路变得更加清晰和平坦。它提醒我们,财富不是天上掉下来的馅饼,而是需要我们用心去规划、去努力、去坚持。有了目标,我们就不再是盲目地追逐金钱,而是有了明确的方向和计划,能够更加从容地面对各种挑战和机遇,逐步构建我们的财富帝国,实现我们的梦想和愿望。

1.2 转变视角：
用新思维设定赚钱目标

在追求财富的道路上，我们常常被传统观念束缚，认为赚钱就是辛苦工作、节省开支。然而，随着时代的发展，我们发现，仅仅依靠传统的方法已经难以满足我们日益增长的物质和精神需求。因此，我们需要换个角度看待财富，用新的思维来设定更有效的赚钱目标。

首先，我们要认识到，财富不仅仅是金钱的积累，还是个人价值的体现。一个人的价值，不仅体现在他拥有多少财富，更体现在他能创造多少价值。因此，当我们设定赚钱目标时，在关注财富增长的同时，也要关注个人能力的提升和价值的创造。

其次，我们要转变对金钱的看法，将金钱视为实现目标的手段，而非目标本身。金钱本身没有价值，只有当它被用来实现目标、创造价值时，才能发挥其应有的作用。因此，我们在设定赚钱目标时，要将重点放在如何利用金钱来实现自己的目标上，而不是单纯地追求金钱的积累。

最后，我们还要认识到，赚钱是一个系统工程，需要我们综合运用各种资源和手段，包括个人的知识、技能、人脉、时间等。在设定赚钱目标时，我们要全面地考虑这些因素，制订一个切实可行的计划，而不是盲目地追求短期利益。

具体来说，我们可以转变视角，从以下几个方面来看待财富，用新思维设定赚钱目标。

一、以价值为导向

将赚钱目标与个人价值的实现相结合，这意味着我们不应仅仅追求金钱的数量，还应追求金钱背后的价值和意义。通过提升个人能力，比如学习新技能、提高工作效率、增强人际交往能力等，我们不仅能够提升自己的市场竞争力，还能让自己在社会中创造更大的价值，为社会带来积极的变化，这样的财富增长更具有深远的意义。这不仅能让你获得物质上的回报，还能让自己获得精神上的满足。因为你知道，自己通过努力工作为社会做出了贡献。

二、以目标为驱动

将金钱视为实现目标的手段，这需要我们明确自己的长远目标和短期目标。这些目标可以是职业上的晋升、个人技能的提升、家庭的幸福，或者社会影响力的扩大。金钱在这里扮演的角色是帮助我们实现这些目标的工具，而不是最终目标。例如，如果你想成为一名作家，那么金钱可以帮助你支付写作课程的费用、购买更好的写作工具，或者让你有更多时间专注于写作。通过这种方式，金钱就会成为我们实现个人梦想和目标的助力，而非我们追求的终点。

三、以系统为支撑

全面考虑各种资源和手段，意味着我们需要构建一个全面的赚钱系统，其中包括我们的职业技能、人脉网络、投资组合、时间管理和个人品牌等。通过整合这些资源，我们可以更有效地实现财富增长。例如，一个企业家需要利用自己的专业知识来开发产品，利用人脉来寻找合作伙伴，通过投资来扩大业务规模，通过时间管理来提高工作效率，通过个人品牌来提升市场影响力，等等。这样的系统性思考和规划能够帮助我们更全面、更深入地理解赚钱的过程，从而帮助我们提高赚钱的效率。

四、以创新为动力

在赚钱的过程中，不断创新是推动财富增长的关键。这意味着我们要不断开发新的产品或服务、采用新的营销策略、探索新的市场或改进现有的工作流程。创新可以帮助我们在激烈的市场竞争中抓住新的机遇，实现财富的快速增长。例如，通过采用最新的技术，我们可以提高生产效率、降低成本；通过探索新的市场，我们可以发现新的客户群体、扩大业务规模；通过改进工作流程，我们可以提高工作效率、提升服务质量。这些创新的尝试，都是推动财富增长的重要动力。

五、以合作为桥梁

在追求财富的过程中，合作是非常重要的一环。通过与他人合作，我们可以集合各自的优势，共同实现更大的目标。合作能够帮助我们分担风险，并且让我们获得更多的资源和支持。例如，与合作伙伴共同开发新的产品，可以集合双方的技术优势和市场资源；与团队成员共同完成一个项目，可以提高工作效率、提升项目质量；与投资者合作，可以获得必要的资金支持，加速业务发展。我们可以通过这些合作实现资源的互补和优化，从而更快地实现财富增长。

六、以持续为原则

赚钱是一个持续的过程，需要我们不断学习、不断进步。在快速变化的现代社会中，只有不断学习和进步，才能跟上时代的步伐、抓住新的机遇。因此，我们需要定期更新自己的知识和技能，以适应新的市场需求；需要不断尝试新的方法和策略，以提高工作效率；需要持续关注市场动态，以发现新的商机。只有通过这种持续的努力，我们才可以逐步提升自己的竞争力，从而实现财富的长期增长。

换个角度看待财富，用新思维来设定赚钱目标，不仅能帮助我们更好地实现财富增长，还能帮助我们在追求财富的过程中，实现生活质量的提高和个人价值的提升。

1.3 目标清晰法则：

学会 SMART，让你的目标更靠谱

我们要清楚地认识到，目标的设定需要科学和系统的方法，并非所有目标都能带来预期的成果。SMART 准则是一个被广泛认可的目标设定框架，可以帮助我们设定具体、可衡量、可达成、有时限性和相关性强的目标。接下来，我们将详细了解该如何运用 SMART 准则来设定我们的财富目标。

一、SMART 准则

（一）具体（Specific）

首先，你的目标需要具体明确。含糊不清的目标，如"我想变得富有"，并不能提供明确的方向。相反，一个具体的目标，比如"在接下来的五年内，通过投资和储蓄，我的净资产将增加到 100 万元"，这样的目标就为你提供了清晰的方向和具体的数字，让你知道自己所需要达到的确切数额。

（二）可衡量（Measurable）

一个好的目标应该是可以衡量的。这意味着你需要跟踪进度、明确达到目标的时间。例如，如果你的目标是增加收入，那么你可以设定每月或每年的具体收入增长数额。通过定期检查自己的收入和净资产，你就可以量化你的进展，并据此调整策略。

（三）可达成（Achievable）

目标应该是现实的，应该是你能够实际达成的。如果你设定了一个不可能实现的目标，比如在没有显著增加收入或投资的情况下，在一年内将储蓄翻倍，那么这将不可避免地让你产生挫败感。因此，我们要客观评估自己的资源、时间和能力，然后设定一个既有挑战性，又在自己力所能及范围内的目标。

（四）相关性（Relevant）

你的目标应该与你的整体生活和财务规划相关联。设定与你的长期愿景和价值观相一致的财富目标可以确保你保持动力，并让你专注于真正重要的事务。例如，如果你的梦想是提前退休并环游世界，那么你的财富目标就应该围绕这一梦想，积累足够的资金。

（五）时限性（Time-bound）

最后，给你的目标设定一个明确的时间框架。没有时间限制的目标很容易变得模糊不清，而一个有时间限制的目标可以为你提供紧迫感，促使你采取行动。决定你希望达成目标的时间节点，并据此规划你的行动步骤。例如，你可以设定一个五年计划，然后分解为每年、每月，甚至每周的小目标。

二、SMART 准则的运用

（一）明确你的财富愿景

比如，当你设想退休后，希望自己在海边拥有一套别墅时，这不仅意味着你要拥有一处美丽的居所，还代表你已经实现财务自由和个人成就。这样的愿景将激励你设定并追求具体的财富目标。

（二）设定具体的目标

将你的海边别墅梦想转化为具体的目标，比如"在 15 年内，通过储蓄和投资积累足够的资金，购买价值 300 万元的海边别墅"。这个目标清晰、具体，且易于理解和完成。

（三）确定可衡量的指标

为了衡量你向拥有海边别墅的梦想迈进的每一步，你需要设定可量化的指标，比如每月的储蓄额、年度投资回报率，或是特定投资账户的增长目标等。

（四）评估目标的可达成性

诚实地评估你当前的财务状况、收入潜力和支出习惯。确保你的目标既具有挑战性，又在自己可达成的范围内。如果每月储蓄2万元对于你目前的收入来说是不现实的，那么就要调整自己的目标，以适应你的实际情况。

（五）确保目标的相关性

为了实现在海边买别墅的愿景，你可以制定一些与你的愿景相关的学习目标，比如学习投资理财知识、房地产知识等。而那些与你的愿景无关的目标，即使你达到了，对你实现愿景也没有多大的意义。

（六）设定时间框架

为你的海边别墅目标设定一个明确的时间框架。如果你计划在15年后退休，那么从现在开始，你就要进行清晰的倒计时，这样可以帮助你保持专注和紧迫感。

（七）制订行动计划

制订一个囊括储蓄计划、投资策略和可能的额外收入来源的行动计划。例如，你可能需要每月储蓄一定比例的工资，同时寻找回报率更高的投资机会，或者考虑做些副业以增加收入。

（八）定期检查和调整

随着时间的推移，你的财务状况、市场环境，甚至个人生活都可能发生变化，这就需要你定期检查自己的进展，并根据需要调整计划，比如重新评估你的投资策略或调整你的储蓄目标。

通过SMART方法，我们能够清晰地定义自己的财务愿景，并制订切实可行的行动计划，一步步脚踏实地地朝着梦想前进。当然，目标设定并非只是一个开始，而是一个持续的过程，需要你不断地评估、调整和采取行动，每一次的改变都是你通往成功的必经之路。

1.4 预防陷阱：
避开那些让你赚不到钱的心理误区

在追求财富增长的道路上，设定目标是关键的一步。然而，我们的心理倾向有时会对我们产生误导，导致我们设定不切实际或难以达成的目标。了解并避开这些心理误区，对制定有效且可实现的财富目标至关重要。

一、确认偏误

确认偏误描述了人们倾向于寻找、解释和记忆信息，以证实自己的预期和信念，而忽视了那些反驳自己观点的信息。在设定财富目标时，确认偏误会让我们只关注支持我们目标的信息，而忽略潜在的风险和挑战。

为了避免出现这样的误区，我们就要意识到自己可能存在的确认偏误，并主动寻求反对意见。在做决策时，要考虑所有相关的信息，包括那些可能与你的预期相悖的数据。与不同背景的人交流，以获得多元化的观点，这有助于你全面评估情况并做出更平衡的决策。

二、达克效应

达克效应揭示了能力较低的人倾向于高估自己的能力，而能力较强的人可能低估自己的能力这一现象。在财富目标设定中，达克效应会导致我们对自己的财富知识和技能做出不切实际的评估。

为避免达克效应，我们必须进行客观的自我评估，认清自己的强项和弱点。我们可以通过第三方评估，如财务顾问的意见或与同行进行比较来获得更准确的自我认知。此外，参与相关的财务教育和培训，也有助于提升自我认知，减少达克效应的干扰。

三、锚定效应

锚定效应是指人们在做决策时过分依赖（或"锚定"）于第一次接收到的信息。在财富目标设定中，锚定效应会导致我们基于一个不切实际的起始点来设定目标，而这个起始点可能只是一个随机数字。

为了避免锚定效应，就要在设定目标时考虑多种信息源。避免仅依赖单一数据点，而是通过广泛的市场研究和个人财务分析来制定目标。同时，可以设定多个阶段性目标，以逐步接近最终的财富目标，这样可以减少对初始信息的依赖。

四、损失厌恶

损失厌恶是指人们对损失的厌恶程度超过对同等收益的喜爱。在财富目标设定中，损失厌恶会导致我们过于谨慎，避免设定具有一定风险的目标。

为避免损失厌恶，我们需要认识到风险是财富增长过程的一部分，要接受这种现实。通过分散投资和风险管理来平衡潜在的损失。同时，培养面对风险的健康态度，并寻求风险管理策略。

五、维持现状偏差

维持现状偏差是指人们倾向于维持现状，即使改变可能带来更好的结果，也依旧维持现状。在财富目标设定中，维持现状偏差会导致我们抗拒改变现有的财富规划，即使这些改变可能更有利于实现长期目标。

为了避免维持现状偏差，我们要鼓励自己接受新想法和改变，评估改变的潜在好处，并勇于采取行动。同时，制定一个灵活的财富规划，以适应市场和个人情况的变化。

六、过度自信

过度自信是指人们对自己的判断或决策过于自信。在财富目标设定中，过度自信会导致我们设定过高的目标，而没有充分考虑到实现这些目标所需的资源和努力。

为了避免过度自信，在设定目标时，我们需要保持谨慎和现实，为可能的困难和挑战预留空间，并制订一个详细的行动计划来实现目标。同时，定期回顾和调整目标，确保它们适应当前的情况。此外，可以寻求他人的反馈和建议，以获得更客观的评估。

七、后见之明偏误

后见之明偏误是指在事件发生之后，人们倾向于高估事件发生前自己的预测能力。在财富目标设定中，后见之明偏误会导致我们过分依赖过去的经验，而忽视了未来可能发生的新情况。

为了避免后见之明偏误，我们需要承认预测的局限性，不要过分评判自己或他人过去的决策。要从过去的经验中学习，并应用到未来的目标设定中。同时，保持对未来的开放态度，准备好应对不确定性。

八、规划谬误

规划谬误是指人们低估完成任务所需的时间或资源。在财富目标设定中，规划谬误会导致我们对实现目标所需的时间和努力有过于乐观的预期。

为了避免规划谬误，我们需要为项目和目标设定更为现实的时间表和预算，考虑潜在的障碍和延误，并制定相应的应对策略。同时，建立一个灵活的计划，以适应不可预见的变化。

通过了解这些心理陷阱，我们可以采取措施来减少它们对我们决策的影响，克服内在的心理障碍，建立正确的心态和策略，设定出更加现实、可达成的目标，从而更加有效地规划和管理我们的财富计划。

1.5 随机应变：
市场变，你的目标也得跟着变

市场变化无常，往往不可预测，有时候来得突然，让人措手不及，给我们追求财富的道路带来巨大的挑战。但正是这些变化，给我们提供了成长和适应的机会。我们要学会让自己的财富目标保持灵活性，以适应市场的变动。

一、市场变化的必然性

市场的变化是常态，无论是股市的波动，还是经济周期的转换，这些都是市场自然的一部分。就像天气有晴有雨，市场的变动也是我们财富管理中必须面对的现实。

市场的变化由多种因素引起，例如，以下几种：

（一）经济政策

政府的财政和货币政策变动，如利率调整、税法改革等，都可能对市场产生深远影响。

（二）技术进步

新技术的出现和应用，如互联网、人工智能，可以颠覆传统行业，创造出新的投资机会。

（三）消费者偏好

消费者偏好的变化，如对便捷、健康产品的追求，也会影响市场趋势。

（四）国际事件

全球性的事件，如贸易争端，也可能引起市场的波动。

二、灵活性是适应市场变动的关键

面对市场的变动，灵活性是我们最好的伙伴。灵活性意味着我们能够及时调整策略，重新审视计划，并采取新的行动。这不仅仅是对市场变化的被动反应，更是一种主动适应和利用变化的能力。

（一）快速反应

当市场出现波动时，我们要迅速调整策略。例如，市场下跌时，我们就要重新审视自己的投资组合，是不是有些风险太高，是否需要减少一些。同时，我们也要留心市场信息，比如利率变化，然后快速做出决策。

（二）多角度思考

我们不能只从一个角度看问题。市场的变动受到很多因素的影响，如经济政策、行业趋势等。我们要学会综合这些因素，全面评估市场变化对我们财富目标的影响，这样才能做出更全面的应对策略。

（三）长期规划

即使市场短期内有波动，我们也不能忘记自己的长期目标。要有远见，不被眼前的困难影响。同时，我们还需要耐心和毅力，即使遇到挫折也不放弃，并且要有风险管理能力，以确保我们的财富稳健增长。

三、调整目标的要点

那么，我们应该如何调整目标以适应市场的变化呢？以下是一些关键的要点：

（一）长期目标的稳定性

尽管市场短期内会有波动，但我们的长期目标应该保持稳定。这意味着我们应该专注于那些能够持续带来价值的长期目标，而不是被短期的市场波动左右。

（二）短期目标的灵活性

短期目标更容易受到市场波动的影响。如果市场条件发生了变化，可能需要调整短期目标以适应新的环境。

（三）避免频繁变动

虽然需要灵活，但过于频繁地改变目标也可能导致计划混乱。在调整目标之前，要仔细考虑市场变化是否真的需要我们改变方向。

（四）把握市场变化中的机遇

市场的变化往往会带来新的机遇。在市场低迷时可能是投资的好时机，在市场繁荣时则可能需要重新考虑风险。

四、实施目标调整的步骤

第一步，关注市场动态

定期关注财经新闻，了解市场的最新趋势。可以通过阅读报纸、杂志，浏览专业网站，以及参加相关的研讨会或讲座来获取信息。

第二步，分析影响

深入分析市场变化对你当前目标的具体影响，包括潜在的风险和机遇。这需要你对市场有一定的了解，或者寻求专业人士的帮助。

第三步，制定应对策略

基于你的分析，制定应对市场变化的策略。有时候，你需要调整投资组合，比如增加债券的比重以降低风险；有时候，你需要寻找新的收入来源，比如开展副业。

第四步，执行策略并持续监控

实施你的策略，并持续关注市场和你的目标进展，确保你的行动与市场变化保持一致。这需要你具备良好的执行力和自我监督能力。

第五步，定期回顾和调整

随着市场的变化，定期回顾你的策略和目标，必要时进行调整。这种调整是否需要每月、每季度或每年进行一次，取决于你的具体情况和市场的变化速度。

第六步，培养适应性思维

愿意接受变化，乐于学习新事物，并能够从每次经历中吸取教训，这需要你保持好奇心和开放的心态。

第七步，保持沟通

与财务顾问或信任的朋友交流，他们可以提供宝贵的意见和不同的观点，帮助你获得新的信息，同时让你在面对困难时获得支持。

目标的设定需要根据市场的变化进行适时的调整，这种灵活性能够帮助我们更好地应对市场的不确定性，让我们抓住新的机遇。但要注意，随机应变不是放弃目标，而是一种更高级的策略，它可以确保我们的目标既能适应市场的波动，又能保持对长期愿景的追求。

1.6 每天进步一点点：

小步快走，财富目标不是梦

很多人可能会被宏伟的目标吸引，认为只有大的飞跃才能带来财富的显著增长。然而，真正的财富积累往往是通过一系列小步骤的持续积累实现的。正如古语所言："不积跬步，无以至千里。"每天的小进步，最终能够汇聚成巨大的成就。

一、小步快走的重要性

（一）可实现性

小步骤之所以重要，是因为它们提供了一种切实可行的路径，让我们的财富增长目标变得更加具体和可操作。例如，每天存下 10 元钱，这个目标既不会让你感到经济上的负担，也不会对你的日常生活造成影响。

（二）持续性

持续性是小步快走策略的核心。在财富积累的过程中，持续的小进步比偶尔的"大跃进"更为重要。这是因为，小进步能够帮助我们建立起一种稳定的财富增长模式，而不是依赖不稳定的外部因素。通过每天的持续努力，我们可以确保自己的财富在不断增长，而不是像过山车一样忽上忽下。

（三）灵活性

小步骤的另一个好处是它们提供了灵活性。在不断变化的市场环境中，我们需要快速调整自己的策略以适应新的挑战。我们可以根据市场的变化和个人情况的调整，随时更新我们的小目标和行动计划，而不会对我们的整体财富增长计划造成太大的影响。

二、如何实现小步快走

（一）设定小目标

设定小目标是实现小步快走的关键第一步。这些小目标应该是具体的、可衡量的，并且与我们的长期财富增长目标相一致。例如，如果你的长期目标是存下10万元，你可以将其分解为每月存下1000元的小目标。这样的小目标更容易实现，且更容易跟踪和评估。

（二）每日行动

每日行动是小步快走策略的实践。这可以是每天存下一小笔钱，也可以是每天花一定的时间学习财经知识，或者是每天进行一次小额的投资操作。这些行动虽然看起来微不足道，但它们是我们财富增长的基础。通过将这些小行动融入我们的日常生活中，我们就可以确保每天都在朝着财富目标前进。

（三）记录与反思

记录与反思是小步快走策略的反馈机制。我们需要记录下自己每天的行动和进展，包括存了多少钱、学到了什么知识、进行了哪些投资操作等。然后，我们需要定期反思这些记录，看看哪些行动是有效的，哪些需要改进。这种自我监督和反思可以帮助我们不断优化自己的行动计划，确保我们的每一步都在正确的道路上。

三、小步快走的实际应用

（一）储蓄

每天存一点钱，哪怕只是几块钱，长期坚持下来也是一笔不小的数目。这种日常的储蓄习惯可以帮助我们逐渐积累起一笔备用金。

（二）投资

定期投资，利用复利的力量，让小额投资随着时间增长。例如，通过每月定投基金或股票，可以逐渐建立起一个稳健的投资组合。

（三）学习

每天花时间学习新的财经知识或技能，提升自己的财商。这不仅可以帮助我们更好地管理财务，还可以让我们抓住新的投资机会。

四、克服障碍

（一）立即行动

不要因为目标小就推迟行动，立即开始是成功的关键。拖延只会让我们错失机会，而立即行动则可以让我们尽快开始积累财富。

（二）保持动力

我们可以通过设定奖励机制，比如利用达成小目标后的自我奖励，来保持动力。这种正向激励可以帮助我们保持积极的态度，持续前进。

（三）社群支持

我们可以加入相关的社群，与志同道合的人一起交流和相互鼓励。社群的支持可以提供额外的动力，帮助我们在遇到困难时坚持下去。

五、小步快走的长期效益

（一）习惯养成

通过每天的小进步，可以培养出良好的财务习惯，如定期储蓄、理性消费、持续学习等。这些习惯将伴随我们一生，带来长期的益处。

（二）信心增强

每达成一个小目标，都会增强你的自信心和成就感。这种正面的情绪反馈可以激励我们继续前进，追求更高的目标。

（三）目标实现

随着时间的推移，这些小进步将汇聚成实现大目标的力量。最终，我们会发现，那些看似遥不可及的财富目标，其实就在我们每天的小进步中被逐渐实现。

通过"每天进步一点点"的策略，我们不仅能够实现财富的稳步增长，还能够在这个过程中培养出坚韧不拔的意志和持续学习的态度。毕竟，财富的积累不是短跑，而是一场马拉松，关键在于持续和稳定。通过小步快走，我们可以让财富目标变得不再遥不可及，而是触手可及。

1.7 调整航向：
根据情况及时调整你的赚钱路线

随着市场的变化、个人情况的变动，或是我们对目标认识的深化等等，我们原本的赚钱计划很有可能会变得不合时宜，因此，及时调整我们的赚钱路线，以适应这些变化，是确保我们始终在正确道路上的关键。

一、调整航向的原因

（一）市场变化

金融市场的波动性是不可避免的。例如，央行的利率调整可能影响借贷成本，股市的波动可能改变投资回报的预期，新兴市场的出现可能带来新的投资机会。这些变化要求我们及时调整投资策略，以保持财富增长的稳定性和持续性。

（二）个人情况变动

个人生活中的重大事件，如结婚、生子、失业或健康问题，都可能对我们的财务状况和目标产生深远影响。发生这些事件后，我们需要重新评估自己的财务规划，调整储蓄和投资的比例，以适应新的家庭结构或经济需求。

（三）目标的重新评估

随着时间的推移，我们对财富的认知和个人价值观可能会发生变化。年轻时可能更注重资产的快速积累，而随着年龄的增长，可能会更加关注资产的保值和传承。因此，定期重新评估并调整财富目标，是确保我们的财富规划与个人愿景和生活阶段相匹配的重要步骤。

二、如何调整航向

（一）定期审视

建立定期审视财务状况的习惯，包括检查投资组合的表现、储蓄的增长情况、债务的管理等，可以每季度或每年进行一次这样的检查。通过这种定期的审视，我们可以及时发现问题并采取行动予以解决。

（二）有具体依据

在调整策略时，应依据市场数据、个人财务报表等具体信息。避免仅凭直觉或情绪做决策，比如在市场下跌时恐慌性抛售，或在市场繁荣时过度投资。

（三）保持灵活性

保持计划的灵活性是关键，因此，我们的财务规划不应过于僵化，而应能够根据市场和个人情况的变化进行调整。

（四）寻求专业咨询

在面对复杂的财务决策时，寻求财务顾问的专业意见是非常重要的。他们可以提供基于当前市场状况和个人目标的专业建议，帮助我们做出更明智的决策。

三、调整航向的步骤

（一）收集信息

我们需要收集所有相关的市场数据和个人财务信息。这包括但不限于股票和债券的市场价格、利率水平、通货膨胀率、经济增长预期、个人收入和支出情况、资产负债状况等。这些信息将为我们的决策提供坚实的基础。

（二）分析现状

在收集了足够的信息后，我们需要分析当前的财务状况与已设定目标之间的差距，包括评估投资组合的表现，确定哪些投资表现不佳，哪些储蓄计划需要加强，等等。通过这种分析，我们可以识别出需要改进的领域，并为调整策略提供方向。

（三）设定新目标

基于新的信息和分析结果，我们需要调整或设定新的财富目标。这些目标应该符合 SMART 原则，并且与我们的长期愿景和生活阶段相匹配。例如，如果我们发现原有的储蓄目标不足以支撑我们期望的生活质量，我们就要设定一个新的储蓄目标，并制订相应的储蓄和投资计划。

（四）制订行动计划

一旦新目标设定，我们就需要制订具体的行动计划来实现这些目标，包括调整投资组合，比如增加对股票或债券的投资比例；增加储蓄额度，比如减少非必要开支或增加兼职收入；或重新评估我们的消费习惯，以确保支出与财富目标保持一致。

（五）执行与监控

我们需要按照新的计划采取行动，比如定期投资、定期储蓄、定期审视投资组合等。同时，我们还需要持续监控进展情况，确保每一步都按照计划进行。这涉及定期检查投资回报、储蓄增长、债务减少等，还要及时调整以应对任何偏差。

（六）反馈与调整

在执行过程中，我们需要根据反馈不断调整策略。这涉及对投资组合的再平衡、储蓄计划的调整或消费习惯的改变。如果某个投资策略没有达到预期效果，我们应考虑替换或改进。这种反馈和调整的过程是确保我们方向正确并最终达到目标的关键。

四、调整航向的注意事项

（一）避免频繁调整

虽然市场和个人情况会不断变化，但频繁调整投资目标可能导致我们缺乏长期视角和稳定性。我们应该寻求在灵活性和稳定性之间找到平衡。

（二）保持耐心

财富增长是一个长期过程，需要耐心和坚持，不应期望一夜之间就能实现所有的财富目标。

（三）风险管理

在调整策略时，要注意风险管理，避免为了追求高回报而进行过度冒险的投资。

（四）个人成长

将个人成长和学习纳入财富增长的考量中。通过不断学习新的财经知识，提升自己的财商，这样可以帮助我们做出更明智的财务决策。

通过实施上述步骤和注意事项，我们能够保证在财富积累的过程中适时修正路径，以适应市场的波动和个人情况的转变，从而顺利实现财富目标。在积累财富的航程里，保持策略的灵活性和对知识的不懈追求，正是我们不可或缺的导航工具，它会引导我们安全而成功地驶向财富愿景的彼岸。

第二天
Day 02

决策认知
——做个明智的投资者

2.1 决策的秘密：

你的选择如何影响你的钱包

无论是理财还是投资，决策的重要性都要引起格外的关注，因为每一次选择，无论大小，都会对你的财务状况产生深远的影响。那么，决策是如何影响我们的钱包的呢？让我们来一探究竟。

一、决策与财富增长的关系

在理财和投资的旅程中，决策不仅决定了我们的财富增长路径，而且影响着我们实现财富目标的速度和效率。

（一）决策是催化剂

决策可以被视为财富增长的催化剂，它是推动我们财务进展的直接动力。一个明智的决策，就像是在正确的时间内使用了正确的工具，它能够使我们的投资获得最大的回报。例如，选择一个表现良好的股票或基金，这个决策很可能会带来超出预期的收益，从而加速财富的积累。

相反，一个不明智的决策，例如投资于一个表现不佳的市场或公司，就可能导致资产的损失，从而减缓甚至逆转财富增长的过程。这种决策就像是选择了一条曲折且充满障碍的路径，不仅耗费了时间，也可能让我们迷失方向。

（二）决策的长期影响

在财富增长中，决策的长期影响是一个不容忽视的因素。短期内看似有利的决策，从长远看可能会带来负面后果，反之亦然。例如，一些高风险的投资可能会在短期内提供较高的回报，但它们也存在潜在的风险，比如可能导致重大资本损失。因此，决策时不仅要考虑即时收益，还要预测和评估长期的后果，包括负面影响。

在决策时，我们需要进行深入的分析和前瞻性思考，超越当前的市场趋势和短期的经济波动，充分考虑经济周期、行业发展、技术进步等宏观因素对投资的长期影响。此外，我们还需要考虑个人的生活规划和财富愿景，确保投资决策与我们的财富计划、家庭需求和个人价值观相一致。经过综合考量再做决策，避免因短期的市场波动而做出冲动的决策，这样才能有助于我们在不同的市场周期中实现财富的长期积累和稳健增长。

（三）决策与机会成本

在决策过程中还有一个要素不可忽视，就是机会成本。每一次选择都隐含着放弃其他可能性的代价。在财富增长的语境下，机会成本意味着如果你选择了一个投资项目，就无法同时选择另一个可能带来更高回报的项目。

在做出决策时，考虑机会成本能够帮助我们更加全面地评估不同选择的潜在价值。这就要求我们不仅要看到直接的收益，还要预见到可能错失的收益。例如，将资金投入一个低风险低回报的项目，可能就意味着错失了另一个高风险高回报的投资机会。可见，我们在决策时要更加审慎，权衡每一个选择的潜在利弊。通过明智地评估和管理机会成本，可以有效避免陷入低效投资的陷阱，确保我们的财富增长策略是最优的。

二、认知对决策的影响

认知是对世界的理解，它决定了我们如何收集和分析信息，以及如何基于这些信息做出决策。在投资领域，认知水平的高低直接影响我们能否做出明智的决策。

（一）市场认知

市场认知是投资成功的关键。它包括对市场运作机制的理解，对经济周期的认识，以及对行业趋势的洞察。一个具有深刻市场认知的投资者，能够更好地识别投资机会，并规避潜在的风险。

例如，了解经济周期可以帮助我们识别市场顶部和底部，从而在市场低迷时买入，在市场繁荣时卖出，实现利润最大化。此外，对行业趋势的洞察可以帮助我们发现新兴的增长领域，提前布局，抓住先机。

（二）风险认知

要投资就难免遇到风险，但这并不是说所有的风险都是不利的。正确评估风险，并理解不同投资产品的风险特性，可以帮助我们在风险和收益之间做出平衡。

例如，一个风险较高的投资可能会带来更高的回报，但同样也可能导致更大的损失。因此，我们需要根据自己的风险承受能力和财富目标，选择合适的投资产品。同时，通过分散投资，就可以降低单一投资的风险，实现风险的平衡。

（三）未来预期

未来预期对投资决策有着深远的影响。乐观的预期会促使我们进行更多的投资，而悲观的预期则会让我们更加谨慎。然而，预期并不总是准确的，我们需要学会管理预期，避免情绪化的决策。

例如，如果我们对市场的预期过于乐观，就有可能在市场高点进行投资，这样就会面临损失的风险；相反，如果我们对市场的预期过于悲观，就可能会错过投资机会。因此，我们需要基于事实和数据，建立现实的预期，避免情绪化的决策。

决策是财富增长的重要环节，而认知水平的高低会直接影响到我们能否做出明智的决策。对我们来说，每一次选择都可能是财富增长的契机，也可能是陷阱。只有不断学习，提高认知，我们才能把握住这些机会，避免落入陷阱。

2.2 风险认知：

学会评估风险，让你的投资更安全

在投资领域，无论是股市、房地产、债券、创业还是其他任何形式的投资，风险都是一个不可忽视的因素。然而，我们要明确这样一个理念，即风险并不是我们的敌人，而是我们实现财富增长的潜在机会。对于我们来说，问题的关键就在于如何评估和管理这些风险。

一、全面评估风险

在投资前，我们需要对潜在的风险进行全面的评估。我们可以关注以下一些关键点：

（一）市场风险

市场风险是最常见的风险类型，它指的是市场整体趋势对投资价值的影响。比如，经济衰退可能导致股市普遍下跌。

评估市场风险时，需要考虑宏观经济因素、政治环境、行业和公司基本面、技术分析及市场情绪和预期，做到全面了解市场态势，并据此制定投资策略和分散投资组合，以抵御市场波动对投资带来的风险。

（二）信用风险

信用风险是指借款人或债券发行人可能无法按时还款的风险。选择信誉良好的借款人或投资级债券就可以降低这种风险。

评估信用风险时，需要考虑借款人或债券发行人的信用状况和偿债能力。这包括对其财务状况、还款记录、行业地位、管理团队等进行深入分析，以评估其还款能力和信用水平。此外，也需要关注宏观经济环境、行业发展趋势及政策变化等因素，因为这些因素可能会对借款人或发行人的偿债能力产生影响。

（三）流动性风险

流动性风险是指投资在难以不造成重大损失的情况下迅速卖出的风险。通常情况下，大型股票或债券的流动性较好。

评估流动性风险时，需要考虑投资品种的市场交易活跃程度、买卖价差、成交量及交易执行速度等因素。流动性风险可能会导致在需要迅速变现时造成重大损失，因此投资者需要关注投资品种的流动性情况，并考虑投资品种的交易活跃程度和市场深度，以确保在需要时能够迅速变现而不至于承受过大的损失。

（四）操作风险

操作风险涉及因管理不善、系统故障或人为错误导致的损失。为此，我们可以选择有良好声誉和健全内部控制的投资机构，由此减少这种风险。

评估操作风险时，需要考虑投资机构的管理水平、内部控制体系和操作流程。这包括对投资机构的管理团队能力、运营历史、内部控制制度、风险管理政策等进行全面审查，以评估其是否能有效应对管理不善、系统故障或人为错误所导致的损失。

（五）法律和政策风险

政府的法律和政策变化可能会对某些投资产生影响，因此我们要保持对政治和经济新闻的关注，以便对投资及时做出调整。

评估法律和政策风险时，需要密切关注政府颁布的法律法规和政策变化对投资的影响，这包括对相关行业监管政策、税收政策、贸易政策及货币政策等方面的变化进行跟踪和分析。在评估特定投资的法律和政策风险时，需要考虑政府的干预可能对投资产生的潜在影响，并及时调整投资组合以降低这种风险。

二、风险量化

对风险进行量化，可以帮助我们更客观地看待投资决策。

（一）波动性

波动性是指资产价格或投资价值在一定时间内的变动程度，是衡量投资价值波动的指标，通常使用标准差或历史波动率来衡量。高波动性意味着投资价值可能会有大幅波动，这增加了投资的风险和不确定性。在风险量化中，我们可以根据历史波动率来评估资产的风险水平，以便更好地理解和衡量投资组合的波动性风险。

（二）下行风险

下行风险是指投资价值可能下跌的最大幅度。通过对下行风险的量化和分析，我们可以更好地了解潜在的损失情况，并设定合理的止损点。这有助于控制投资组合的风险水平，避免过度损失，并更好地保护投资本金。

（三）预期损失

预期损失是指基于历史数据和模型预测的未来可能损失，这种量化方法可以帮助我们评估投资的风险和回报率。通过对预期损失进行量化分析，我们可以更清晰地了解投资可能面临的损失情况，并据此制定风险管理策略和投资决策。

三、风险管理策略

了解风险后，我们可以采取以下策略来管理风险：

（一）分散投资

不要把所有资金都投放在同一个地方。通过投资不同类型的资产，比如股票、债券和房地产，可以分散投资，降低风险。

（二）风险和回报分析

确保你的预期回报能够合理补偿所承担的风险。如果一个投资的潜在回报很低，但是风险很高，那么这可能不是一个好的选择。

（三）止损和止盈

设置止损点以限制潜在损失，设置止盈点以保护收益。这可以帮助你在市场波动时保持冷静。

（四）对冲

使用金融工具来减少特定风险的影响。比如，如果你持有一家公司的股票，就可以通过购买看跌期权来对冲股票价格下跌的风险。

（五）保险

为可能的损失投保，转移风险。比如，如果你投资房地产，购买火灾保险可以保护你免受火灾造成的损失。

四、风险与个人情况的匹配

每个人的风险承受能力不同，因此在评估风险时，需要考虑个人因素：

（一）财务状况

考虑你的资产负债表和现金流状况。如果你的财务状况稳健，就能够承担更高的风险。

（二）投资目标

考虑你的投资目标是长期增长还是短期收入。长期投资者通常可以承担更高的风险，因为你有更多的时间来弥补可能的损失。

（三）风险偏好

考虑你对风险的个人态度和承受能力。有些人天生就喜欢冒险，而有些人则更倾向于保守。

五、持续监控和调整

市场是不断变化的，因此我们需要做到以下几点：

（一）定期审查

定期审查你的投资组合和市场状况。这可以帮助你及时发现问题，并做出调整。

（二）灵活调整

根据市场变化和个人情况调整你的投资策略。比如，如果你即将退休，可以选择更加稳妥的投资策略，减少股票投资，增加债券投资。

（三）学习和适应

从市场变化中学习，适应新的投资环境。比如，如果发现某个行业正在衰退，就要减少在该行业的投资。

六、心态调整

正确的态度对于风险管理来说至关重要，我们可以试着从以下几个方面调整或锻炼心态：

（一）接受不确定性

要认识到投资总是伴随着不确定性。完全消除风险是不可能的，但是通过适当的管理和策略，我们可以最大限度地减少风险。

（二）保持长期视角

保持长远的投资视角，避免因短期波动而做出冲动决策。市场有涨有跌，但从长远看，优质资产的价值往往会上涨。

（三）持续学习

不断学习市场知识，就能提高你对风险的理解和管理能力。知识就是力量，了解得越多，就越能够做出明智的决策。

通过这些策略，无论是在股市、房地产市场还是其他投资领域，我们都可以更好地评估和管理投资风险。风险其实并不可怕，关键在于我们如何理解和应对。通过明智的风险管理，我们就可以将风险转化为推动财富增长的动力。

2.3 决策一致性：
保持你的决策前后一致，别自相矛盾

在投资领域，经常会出现这样的情况：投资者在市场低迷时会做出恐慌性抛售，而在市场繁荣时又盲目乐观，这就违背了他们原本的长期投资策略。这种不一致性会导致一个严重的后果，就是投资者无法实现其财富目标，因为他们的决策被短期情绪左右，而非基于深思熟虑的策略。此外，在面对市场波动时，还有一些投资者会做出非理性的决策，比如频繁交易，这不仅增加了交易成本，也可能错失更好的投资机会。

由此可见，在投资决策中，保持一致性是至关重要的，我们的决策应该基于一套清晰、连贯的原则，而不是随着情绪或短期市场波动而摇摆不定。

那么，如何保持决策的一致性呢？

一、建立清晰的投资哲学

投资哲学是投资行为的基础，它决定了你的投资选择和决策。你的投资哲学应该基于自身的价值观、风险偏好和财富目标。例如，如果你是一个风险厌恶者，那么价值投资可能更适合你，因为它侧重于寻找价格低于其内在价值的股票；相反，如果你愿意承担更高的风险以换取更高的回报，成长投资可能更符合你的需求。

这就需要你花些时间研究不同的投资哲学，并做到与你的个性和目标相匹配，还要确保你的每一个投资决策都与这个哲学理念保持一致。

二、制订长期计划

一个明确的长期计划可以帮助你抵御市场的短期波动和情绪化决策的诱惑。这个计划应该详细说明你的投资目标，包括你希望达到的财富里程碑、预期的回报率、所能承受的风险水平，以及计划投资的时间长度等。然后，根据这些目标，制订一个包括资产配置、投资工具选择和预期投资期限的计划。

三、避免情绪化决策

情绪化决策是投资中常见的陷阱。恐慌性抛售或贪婪性购买都可能对你的投资组合造成损害。因此，在做出任何重大投资决策之前，你需要给自己至少24小时的时间用来冷静思考。在这段时间里，回顾你的投资哲学和长期计划，确保你的决策与它们相一致。

四、避免频繁交易

频繁交易可能会带来一些看似吸引人的短期利益，但实际上，它往往会消耗掉你的时间和资源，并且还增加了交易成本，这些成本会逐渐侵蚀你的投资回报。更重要的是，频繁的交易可能会导致你偏离经过深思熟虑的长期投资策略，转而追逐短期的市场趋势，这与稳健投资的原则相悖。

为避免这种情况的发生，你需要设定一个长期的投资视角，专注于那些具有持续增长潜力的资产。如果发现自己总想进行交易，可能是因为你被市场的短期波动左右，这时就应该及时止步，甚至退一步，重新审视你的投资哲学和计划，确保它们与你的目标和风险承受能力相匹配。

五、建立决策规则

明确的决策规则可以帮助你在市场波动时保持冷静和一致性。这就需要设定定期投资计划，比如，无论市场状况如何，每月或每季度都保持相同数额资金的投入。这种"定投"策略有助于避免因市场波动而做出冲动的买卖决策。同时，设定自动再平衡投资组合的规则，可以确保你的资产配置始终保持设定的比例。例如，如果你的投资组合中股票和债券的比例原本是60：40，当股票表现特别好，导致这一比例变成70：30时，就应该卖出一部分股票，买回一部分债券，以保持原有的比例。

六、记录投资决策

建立一个投资日志，记录下每次投资的详细信息，包括投资的日期、金额、买入或卖出的原因、预期的市场反应以及实际的市场反应。此外，还要记录下你的直觉和情绪状态，这有助于理解这些因素如何影响你的决策。对这些记录要进行定期回顾，分析哪些策略有效，哪些需要改进。

七、设定检查点

设定季度或年度检查点，审视你的投资组合的表现，评估是否需要重新平衡。在这些检查点上，回顾你的投资目标，确认它们是否仍然符合你的财务计划；同时，检查你的投资组合是否仍然与你的风险承受能力和市场预期相匹配。

八、培养耐心和纪律

专注于你的长期财富目标，而不是市场的短期波动。当市场出现波动时，要保持冷静，回顾你的投资计划和目标，避免做出冲动的决策。记住，市场的短期波动是正常现象，而你的投资策略应该建立在长期价值和财富增长的基础上。

九、避免群体思维

群体思维是指盲目听从他人的意见或追随他人的行为，而不是基于自己的分析和判断。在投资中，要保持独立思考，这是至关重要的。因此，你需要增加投资知识，培养市场洞察力，基于自己的分析和判断来做出投资决策。当市场出现共识时，保持警惕，不要盲目跟随他人。相反，你应该利用这种共识来寻找可能被低估的投资机会。记住，成功的投资往往需要与众不同的视角和策略。

　　一致性是成功投资的关键，它要求我们在面对市场波动和个人情绪时，依然能够坚持自己的投资原则和策略。通过上述具体的做法，你可以建立起一个稳定且连贯的决策过程，在投资中保持正确的方向，实现财富目标。

2.4 决策好帮手：
用预期效用理论来帮你做决定

在投资决策中，我们经常面临多种选择，而每种选择都伴随着潜在的收益和风险。如何在这众多选项中做出最合理的决策呢？这时，预期效用理论就能派上用场。预期效用理论是一种帮助我们在不确定性条件下做出决策的工具，它通过量化各种可能结果的效用来指导我们的选择。

一、预期效用理论的基本概念

预期效用理论最早由经济学家约翰·冯·诺伊曼和奥斯卡·摩根斯特恩在 1944 年的著作《博弈论与经济行为》中提出。这个概念是一种决策模型，它为我们在不确定性和风险中做出选择提供了一种数学化的分析框架。该理论的核心在于，决策者会根据不同结果的效用和发生的概率，计算出每个决策方案的预期效用值。这里的"效用"指的是决策者对结果的满意度或偏好程度，它可以是金钱价值、心理满足感，甚至是社会影响力等多种形式。

在实际操作中，预期效用理论要求决策者首先要识别出所有可能的结果，然后为每个结果赋予一个效用值。这个效用值是基于个人偏好和价值观的主观判断。例如，对于一个风险中性的投资者，他对盈利和亏损的效用评价可能是对称的；而一个风险厌恶者可能会对亏损的效用评价非常低，即使亏损的金额与盈利相等。

此外，每种结果的发生概率也是计算预期效用的重要因素。这些概率可以基于历史数据、统计分析或专家预测得出。最终，预期效用是所有可能结果的效用值与概率乘积之和，它量化了决策方案在不确定性下的综合价值。

预期效用理论的提出，为经济学、金融学、管理学等多个领域的决策分析提供了理论基础，帮助人们在面对复杂决策时，能够更加理性和系统地评估各种选择，从而做出最符合个人偏好和风险承受能力的决策。

二、预期效用理论的应用

应用预期效用理论进行投资决策是一个既科学又系统的过程，它要求投资者具备一定的分析能力和对市场的深刻理解。以下是详细的应用步骤：

第一步：确定可能的结果

在这一步，你需要尽可能全面地考虑所有可能的投资结果，包括盈利和亏损、投资机会的错失、税务影响、时间价值变化等多种因素。例如，投资一个新项目可能会带来三种结果：成功、部分成功或失败。每种结果都需要明确列出并加以认真考虑。

第二步：评估效用

效用评估是预期效用理论中最为个性化的环节。我们要根据自己的风险偏好、投资目标和个人价值观来为每个结果赋予一个效用值。这个过程需要投资者进行深入的自我反思，甚至咨询财务顾问。效用评估的准确性直接影响到预期效用的计算结果，因此必须认真对待。

第三步：计算预期效用

在确定了结果和效用后，接下来就是计算每个决策方案的预期效用。这就需要将每个结果的效用值乘以其发生的概率，并把所有乘积相加。这个总和即为该决策方案的预期效用。在实际操作中，可以使用电子表格来辅助计算，以提高效率和准确性。

第四步：比较决策方案

最后一步是将不同决策方案的预期效用进行比较，从中选择预期效用最大的方案，这意味着在所有可能的情况下，该方案能够带来最高的综合满意度。然而，这并不意味着要完全忽视其他因素，如投资的流动性、个人的情感因素等。在某些情况下，这些因素也可能会对最终的决策产生影响。

让我们通过一个具体的例子来说明如何应用预期效用理论。假设你正在考虑两个投资项目：项目 A 和项目 B。

项目 A：有 60% 的概率带来 10% 的回报，40% 的概率造成 5% 的亏损。

项目 B：有 50% 的概率带来 15% 的回报，50% 的概率造成 10% 的亏损。

你对风险持中立态度，决定使用以下效用函数来评估不同结果：

10% 的回报效用为 5。

5% 的亏损效用为 -2。

15% 的回报效用为 6。

10% 的亏损效用为 -4。

（5、-2、6、-4）这些数值是基于个人的主观察感受或行为假设出来的。效用函数的概念是用来表示一个决策者对不同结果的偏好程度，该效用函数并不一定是线性的，它是根据个人的经验、风险态度以及对财富的偏好而确定的。

接下来，计算两个项目的预期效用：

项目 A 的预期效用：$0.6 \times 5 + 0.4 \times (-2) = 3 - 0.8 = 2.2$；

项目 B 的预期效用：$0.5 \times 6 + 0.5 \times (-4) = 3 - 2 = 1$。

根据计算结果，项目 A 的预期效用高于项目 B，因此，你应该选择项目 A。

在上述例子中，我们使用的效用函数是加权效用函数（也称为期望效用函数），其一般形式可以表示为：

$$U(x) = p_1 \times u(x_1) + p_2 \times u(x_2) + \ldots + p_n \times u(x_n)$$

式中，$U(x)$ 表示总效用；$p_1, p_2, \ldots, p_n$ 是各个结果或事件发生的概率；$x_1, x_2, \ldots, x_n$ 是各个结果或事件的效用值；$u(x_1), u(x_2), \ldots, u(x_n)$ 是个体的效用函数，表示对某个结果或事件的效用。

用这个加权效用函数来计算项目 A 和项目 B 的预期效用。具体公式如下：

对于项目 A：

预期效用 = 0.6 × u（10% 回报）+ 0.4 × u（5% 亏损）

对于项目 B：

预期效用 = 0.5 × u（15% 回报）+ 0.5 × u（10% 亏损）

在此公式中，u（10% 回报）、u（5% 亏损）、u（15% 回报）和 u（10% 亏损）分别代表了对应结果的效用值。通过这个效用函数，我们可以根据不同结果的概率和效用值来计算出每个项目的预期效用，从而进行决策。

需要注意的是，个体的效用函数通常是基于个人的整体偏好和风险态度而确定的，因此在实际应用中可能会有所不同。

预期效用理论的优势在于它提供了一种系统的方法来评估和比较不同的投资决策。它考虑到了个人的偏好和概率的不确定性，使得决策过程更加全面和客观。

然而，预期效用理论也有其局限性。首先，效用函数是主观的，不同的人对同一结果的效用评价可能截然不同。其次，在实际操作中，要想准确估计每种结果发生的概率，可能非常困难。最后，预期效用理论假设投资者是理性的，但现实中的投资者往往会受到情绪、认知偏差等因素的影响。因此，在实际应用中，投资者还需要结合其他决策工具和市场经验，经综合考虑后做出决策。

2.5 风险偏好调整：

认识自己的风险承受能力

了解并调整自己的风险偏好，是成为一个明智投资者的必经之路。简单来说，个人风险偏好就是你对可能发生损失的敏感程度和接受能力。在这一点上，人与人是不同的，有的人面对风险依旧泰然自若，而有的人则可能忧心忡忡。认识自己的风险偏好，可以帮助我们制定出更符合个人实际情况的投资策略。

一、风险偏好的类型

风险偏好通常分为三种类型：风险厌恶型、风险中立型和风险喜好型。

（一）风险厌恶型

风险厌恶型的投资者通常对潜在的损失感到不安，他们更倾向于稳定和可预测的收益，而不是高风险高回报的投资。

所以，风险厌恶型的投资者更适合固定收益类投资，如政府债券、企业债券或定期存款。这些投资通常风险较低，能够提供稳定的收益。此外，风险厌恶型投资者也可以考虑投资某些类型的保险产品，如年金，以确保资金的安全性。

（二）风险中立型

风险中立型的投资者对风险和回报持有平衡的看法。他们不会因为风险的存在而过分担忧，也不会因为高回报而盲目投资。

这样说来，风险中立型的投资者可以考虑平衡型投资组合，如企业债券、平衡型基金或房地产投资信托。通过多元化的投资策略，投资者可以在追求一定收益的同时，分散风险。

（三）风险喜好型

风险喜好型的投资者愿意为了获得更高的回报而承担更大的风险。他们通常对市场的波动和投资的不确定性有着较高的容忍度。

风险喜好型的投资者可能更倾向于投资高增长潜力的资产，如股票、期权、创业投资或私募股权投资。这些投资通常具有较高的风险，但相应地，它们也提供了更高的收益潜力。

二、了解自己的风险承受能力

了解自己的风险承受能力是制定有效投资策略的前提。以下几个关键因素可以帮助我们更好地了解这方面的能力。

（一）财务状况

个人的财务状况是评估风险承受能力的重要指标。这包括你的收入稳定性、储蓄水平、债务状况及资产负债表的总体状况。如果你的财务状况良好，没有过多的债务负担，那么你可能会有更高的风险承受能力。

（二）投资目标

投资目标是决定风险承受能力的关键。如果你的目标是长期的，如退休规划或子女教育基金，你可能愿意承担更高的风险以实现更高的回报。相反，如果你需要短期内使用资金，那么保守的投资策略可能更适合。

（三）个人经历

个人的投资经历和过往的投资表现可以提供关于风险承受能力的线索。如果在面对市场波动时能够保持冷静，那么你可能更适合高风险投资。反之，如果你对市场波动反应强烈，那么保守型的投资可能更合适你。

（四）心理因素

心理因素在评估风险承受能力时也扮演着重要角色，比如你对不确定性的容忍度、对市场情绪的反应及投资心态。如果你容易受到市场情绪的影响，或者对不确定性感到不适，那么就可能更适合低风险投资。

三、案例分析

让我们通过张先生的例子来具体说明如何根据风险偏好制定投资策略。

张先生是一位风险厌恶型投资者，他的主要投资目标是为退休储备资金。张先生的投资策略应该是：

资产配置——张先生的大部分资金应该投资于低风险的债券和货币市场基金。这些投资能够提供稳定的收益，同时风险较低，适合张先生的风险偏好。

投资时间——张先生应该选择长期投资策略，利用复利效应增加资产。长期投资可以减少市场波动对投资组合的影响，同时提供更稳定的回报。

风险管理——张先生应该设定自动再平衡机制，确保投资组合始终保持在预定的风险水平。这就意味着，如果市场条件发生变化，张先生的投资组合将自动进行调整，以维持其原始的风险配置。

通过上述分析，张先生可以根据自己的风险偏好，制定出一个既能实现投资目标，又能保持心理舒适的投资策略。这不仅有助于张先生实现财务安全，也能够确保其在投资过程中感到满意和安心。

投资不仅仅与数字和金钱有关，它还涉及对个人风险偏好的深刻理解和自我认知。因为每个人的情况都是独一无二的，所以，没有一种投资策略能够适用于所有人。明智的投资始于认识自己，通过了解自己的风险承受能力，我们就可以制定出更符合个人实际情况的投资策略。

2.6 市场心理课：

了解市场心理，做出更好的投资决策

市场心理学是投资决策中一个不可忽视的因素，它涉及市场参与者的情绪和行为，这些因素往往能够对投资市场产生深远的影响。了解市场心理，可以帮助我们识别投资机会，避免情绪化的决策，并最终做出更明智的投资选择。

一、识别市场心理

市场心理是投资决策中一个重要的考量因素，它虽然不总是显而易见，但通过仔细观察，我们还是可以从多个角度来进行识别。

（一）情绪的量化指标

情绪的量化指标，例如波动率指数，是预测市场对未来波动性预期的关键工具。波动率指数因其能够体现市场的恐慌情绪，常被视作市场的"恐慌温度计"。这个指数上升，通常意味着投资者感到不安，市场可能会迎来一波恐慌性抛售；而这个指数下降，可能表明市场情绪恢复平稳，投资者情绪较为稳定。

（二）媒体的声音

新闻媒体对于市场事件的报道和解读，往往能够反映出市场上的普遍情绪。例如，一篇对经济数据负面解读的报道可能会引起投资者的担忧，从而影响市场情绪，导致投资者信心下降，市场出现波动。

（三）交易动态的信号

交易量的异常增加或价格的剧烈波动常常是市场集体情绪变化的信号。如果某个资产的交易量急剧上升，同时价格快速上涨，这通常表明市场对该资产的情绪非常积极；相反，如果交易量增加而价格下跌，就有可能意味着市场情绪偏向悲观。

（四）市场动向的反映

市场的长期动向，比如牛市（持续上涨的市场）或熊市（持续下跌的市场），也是市场心理的一种反映。在牛市中，投资者通常更加乐观，更愿意冒险投资；而在熊市中，投资者则可能更加谨慎，倾向于避免风险。

二、运用市场情绪指导投资选择

在深入理解市场情绪之后，投资者可以采取以下策略来运用市场情绪进行投资选择。

（一）探究情绪背后的动因

市场情绪往往会受到多种因素的影响，包括媒体报道、社交媒体上的讨论及投资者之间的交流。通过了解这些情绪的来源，投资者可以更好地把握市场情绪背后的原因，从而做出更有根据的投资决策。

（二）分析市场情绪与市场表现的关系

市场情绪与市场的实际表现之间往往存在着密切的联系。当市场情绪普遍乐观时，资产价格可能会被推高，导致投资风险增加；而当市场情绪普遍悲观时，资产价格可能会下跌，这就为寻找价值投资的投资者提供了机会。

（三）评估市场情绪波动

市场情绪的快速变化可能会对投资计划造成影响。投资者需要评估市场情绪的稳定性，预测市场变化的趋势，并据此调整自己的投资策略。

（四）综合考量多元因素

在考虑市场情绪的同时，投资者还需要综合考虑其他因素，如公司的财务状况、行业发展趋势及宏观经济环境。这些因素的综合考量能够帮助投资者对投资机会做出更全面的评估。

（五）避免情绪化的反应

市场情绪有时会被夸大，导致投资者做出过度反应。为此，投资者应保持冷静，基于事实和数据来做出投资决策，而不仅仅是跟随市场情绪。

（六）着眼于长期视角

相比于短期的市场情绪波动，长期投资更侧重于公司的基本面分析。通过关注公司的长期成长潜力和市场地位，投资者可以避免被市场短期情绪干扰，从而做出更理智的投资选择。

三、实际应用

假设市场上突然传出了一个负面的新闻事件，某家知名企业的财务丑闻或政治动荡，这可能导致投资者恐慌，纷纷抛售手中的资产。

在这种情况下，一些基本面依然稳固的资产可能会被以低于其真实价值的价格出售。精明的投资者会识别出这种由恐慌情绪引起的价格偏离，并利用这个机会，逆流而上，购入这些被市场低估的资产，期待未来价值的回归。

反过来，当市场上出现某个利好消息，比如重大技术突破或政策利好时，市场情绪可能会变得过于乐观，投资者纷纷追涨，这就会导致某些资产价格迅速膨胀，形成泡沫。

在这种环境下，谨慎的投资者会选择卖出手中被高估的资产，或者坚持观望态度，避免在高位介入，从而减少因市场情绪过热可能带来的投资损失。

通过这种方式，投资者可以在市场情绪的波动中寻找到合适的买卖时机，实现资产的合理配置和风险的有效管理。

市场并不总是理性的，理解市场心理有助于投资者在不确定性中寻找机会。通过认识市场参与者的情绪和行为可能对价格产生的影响，投资者可以更好地应对市场的波动，做出更明智的投资决策。

2.7 从错误中学习：

分析你的决策，下次做得更好

投资决策的结果往往不是非黑即白，因为每个决策背后都有其复杂的因素和教训，但无论结果如何，我们都要从中吸取经验和教训，提升未来的决策质量，特别是我们需要正视自己的错误，接受失败是投资过程中不可避免的一部分。

每个投资者都会犯错，但关键在于我们要学会勇敢地面对，分析原因，并找到改进的方法。

一、信息收集阶段的反思

（一）信息的全面性

回顾在决策前所收集的信息是否全面，要反躬自问，是否仅仅依赖了有限的几个数据点，而忽略了其他可能影响决策的因素。例如，如果只关注了公司的盈利能力而忽视了其高负债率，就可能导致对公司状况的误判。同时，要检查是否只关注了市场的正面信息，如股价上涨、盈利增加，而忽视了潜在的风险信号，如竞争加剧、市场份额下降等。

（二）信息的来源

检查信息的来源是否可靠，是否过于依赖某一个分析师的观点，或者是某些可能有偏见的报道。例如，如果分析师与所分析的公司有利益关联，那么其报告的客观性就值得怀疑。在这一点上，我们要获取多元化的信息，这样才能帮助我们获得更平衡的视角。

（三）信息的时效性

评估所收集信息的时效性。市场是动态变化的，昨日的数据未必适用于今日的决策。例如，一家公司上个季度的盈利报告可能已经不能反映当前的经营状况，所以，要确保所使用的信息是最新的，并且与当前市场状况相匹配。

二、分析评估阶段的审视

（一）分析方法的适用性

审视所使用的分析工具和方法是否适合当时的市场状况和投资目标。例如，在牛市中，成长性分析可能更为重要；而在熊市中，价值分析可能更为关键。同时，我们还要考虑是否有更先进的分析技术可以采用，如大数据分析、机器学习等。

（二）假设的合理性

检查在分析过程中所做出的假设是否合理，是否有过于乐观或悲观的倾向，是否考虑了不同情况下的应对策略。例如，在预测公司未来收益时，是否只考虑了最佳情况而忽视了可能的风险。同时，要检查假设是否基于事实和数据，而不是个人的偏好或猜测。

（三）风险的评估

反思在评估风险时是否全面考虑了所有可能的情况，是否过分关注了某一类风险，如市场风险；而忽视了其他同样重要的风险因素，如操作风险、信用风险等。同时，要考虑不同风险之间的相互作用，以及它们对投资组合整体的影响。例如，一个公司的业务可能高度依赖某个关键技术人员，那么此人的突然离职可能对公司运营产生重大影响。

三、决策制定阶段的回顾

（一）决策的逻辑性

检查决策的逻辑链条是否严密，是否有逻辑上的跳跃或者不合理的推断。例如，是否因为某只股票连续上涨就认为其价值被低估，而忽视了其可能已经过度炒作的风险。

（二）情绪的影响

准确评估情绪在决策过程中的作用。自己是否因为市场的短期波动而感到恐慌，是否因为过度自信而忽视了潜在的风险。例如，在市场大跌时，是否因为恐慌而匆忙抛售，而不是冷静分析其背后的原因。

（三）直觉的角色

认真分析直觉在决策中所扮演的角色。虽然直觉有时可以提供宝贵的指导，但它也可能引导我们走向错误的方向，所以，要学会区分直觉与事实的区别。例如，如果直觉告诉你某项投资存在问题，那么应该深入分析其原因，而不是简单地忽视它。

四、关键因素的识别

（一）被忽视的因素

识别在决策过程中可能忽视的关键因素，它们包括宏观经济趋势、行业变化、公司内部动态等。例如，是否忽视了利率上升对公司债务成本的影响，或者行业竞争加剧了对公司利润率的威胁，所以，我们要确保在未来的决策中，充分认识这些因素的重要性。

（二）外部意见的考量

思考是否充分考虑了外部意见，是否有忽视他人建议的倾向。例如，是否忽视了投资顾问的风险提示，或者同行对某项投资的负面评价。学会倾听不同的意见，可以帮助我们获得更全面的视角。

五、决策后的监控与调整

（一）监控机制的建立

评估是否建立了有效的监控机制来跟踪投资的表现。这包括定期的投资组合审查、市场趋势的跟踪和风险指标的监控。同时，要检查是否及时调整了策略以应对市场的变化。例如，如果市场环境发生变化，是否及时调整了投资组合的配置。

（二）调整的及时性

反思在面对市场变化时，是否及时调整了投资策略，是否因为固执己见而错失了调整的良机。例如，如果某项投资持续表现不佳，是否及时采取了措施，如减仓或止损，而不是一味地持有。

通过这样的复盘和总结，我们就可以从每次投资决策中不断提升自己的决策能力，成为一个更明智、更成熟的投资者。

第三天
Day 03

市场认知
—— 读懂市场信号

3.1 市场认知入门：

学会理解市场的动向

投资市场是一个由众多参与者、多样化的资产类型以及复杂的交易行为交织而成的复杂系统。在这个系统中，每一个决策和行为都可能引起连锁反应，从而影响整个市场的动向。要想在投资领域取得成功，就要深入理解市场的动向。

一、市场的基本构成

（一）市场参与者

市场参与者是市场生态系统中的核心角色，他们的决策和行为直接影响着市场的走向。主要的市场参与者包括：

1. **个人投资者**：以个人名义进行投资的普通大众，他们的投资决策通常基于个人财富目标和风险偏好。

2. **机构投资者**：包括养老基金、保险公司、信托投资公司、共同基金、投资银行等，他们管理着巨额资金，投资决策往往更为专业和系统。

3. **分析师**：提供市场分析、投资建议和公司评估的专业人士，他们的报告和评级对市场情绪影响很大。

4. **监管机构**：确保市场公平、透明和有序运行的政府机构，如证券交易委员会（SEC）。

（二）资产类型

资产类型是指市场中可交易的不同种类的金融工具，主要包括：

1. **股票**：公司的所有权份额，投资者通过购买股票成为公司的股东。

2. **债券**：政府或公司为筹集资金而发行的债务工具，投资者购买债券即成为债权人。

3. **商品**：如黄金、石油、农产品等，可以用于对冲通胀和多元化投资组合。

4. **房地产**：实体房产或房地产投资信托，提供租金收入和资产增值潜力。

5. **货币**：外汇市场允许投资者交易不同国家的货币，受利率和经济政策影响。

（三）交易行为

交易行为涉及市场的日常运作，包括：

1. **买卖订单**：投资者根据市场情况发出的买入或卖出资产的指令。

2. **市场流动性**：指资产能够无障碍地买卖的程度，流动性高的市场有助于快速交易。

3. **交易量**：在一定时间内市场上成交的资产数量，反映了市场的活跃度。

二、市场的宏观经济影响因素

（一）利率

利率是借款成本的反映，直接影响借贷活动和经济活动水平。低利率环境鼓励投资和消费，而高利率则可能导致经济活动减缓。

（二）通货膨胀率

通货膨胀率是衡量货币购买力变化的指标。高通胀环境下，货币的购买力下降，投资者可能会寻求更高回报的投资以保值。

（三）经济增长

经济增长率反映了一个国家或地区经济的扩张速度。快速的经济增长通常伴随着更多的投资机会和更高的资产价值。

（四）政治稳定性

政治稳定性对市场信心有着重要影响。政治动荡或不确定性可能会导致市场波动，影响投资者的风险偏好。

三、市场的微观经济影响因素

（一）公司业绩

公司的盈利能力、财务状况、管理团队和战略方向都是影响其股票价格的关键因素。

（二）行业趋势

技术进步、消费者偏好变化、法规变动等都可能影响特定行业的表现。

（三）供需关系

资产价格最终由供给和需求决定。了解某一资产的供需动态，可以帮助投资者做出更明智的投资决策。

四、技术分析与基本面分析

（一）技术分析

技术分析利用图表和量化方法来识别市场趋势和交易机会。它不考虑公司的基本面信息，而是基于价格、交易量等市场数据进行分析。

（二）基本面分析

基本面分析则关注公司的财务状况、盈利能力、行业地位等因素，以评估其内在价值和长期前景。

五、建立市场认知的步骤

第一步：学习基础

了解市场的基本工作原理，包括市场的参与者、资产类型和交易行为。

第二步：关注信息

持续关注经济指标、政策变动、公司财报等，这些信息对市场动向有着直接或间接的影响。

第三步：实践分析

通过实际分析，如绘制股票价格图表、计算财务比率等，来提高对市场分析工具的掌握。

第四步：模拟交易

在虚拟环境中进行模拟交易，可以在不冒真实资金风险的情况下测试投资策略。

第五步：持续学习

因为市场是不断变化的，所以，投资者需要不断学习新的知识和技能，以适应市场的发展。

投资是一个涉及多方面因素的决策过程，它不仅仅关乎赚钱，更关系到如何管理你的资金、降低投资风险，以及实现财富目标的过程。而理解市场动向是成功投资的基础，随着对市场认知的深入，你将能够更加自信地在投资的道路上前行。

3.2 策略选择：
根据对市场的了解选择投资策略

基于对市场的认知，我们可以选择适合自己的投资策略。接下来，我们将探讨一些基于市场认知来选择投资策略的方法，这些方法将帮助我们制订全面而深入的投资计划。

一、市场趋势的识别与顺应

市场趋势是投资决策的风向标。理解市场的长期趋势，如经济周期的波动、产业的兴衰更替，以及短期趋势，如政策变动引起的市场反应等，所有这些都是制定投资策略的重要前提。通常情况下，长期趋势表现较为稳定，短期趋势则更为多变。投资者应结合自己的投资期限和风险偏好，选择顺应当前市场趋势的策略。

我们可以借助多种工具和指标，对市场趋势进行识别。例如，通过分析宏观经济数据，如GDP增长率、失业率、通货膨胀率等，我们就可以对经济周期做出一个大致的判断。此外，关注行业报告、公司财报、政策动向等，也能帮助我们把握市场的短期趋势。在识别趋势后，我们应考虑如何将这些信息融入投资决策中。顺应趋势并不意味着盲目跟风，而是要在深入分析的基础上，做出理性的投资选择。

二、市场周期的理解与应用

市场周期性变化为我们提供了丰富的投资机会。在经济扩张期，投资者可以增加对增长型股票和周期性行业的投资比重；而在经济衰退期，则应转向防守型股票和非周期性行业的投资。理解市场周期，可以帮助我们进行逆周期投资，即在市场低迷时买入，在市场繁荣时卖出，从而实现超额收益。

对市场周期的理解需要我们具备一定的经济学知识和市场经验。我们可以通过了解不同经济周期阶段的特征，如复苏期的生产扩张、繁荣期的价格上涨、衰退期的需求减少、萧条期的产能过剩等，来加深对市场周期的理解。此外，实际的市场操作也能增强我们对周期的感知。例如，在市场低迷时，我们可以寻找那些被低估但基本面良好的公司进行投资；在市场繁荣时，我们则应警惕那些被高估的资产，适时减仓或转向更为稳健的投资品种。

三、市场情绪的把握与利用

市场情绪是影响投资决策的重要因素。乐观的市场情绪可能导致资产价格被高估，而悲观的市场情绪则可能导致资产价格被低估。投资者应学会把握市场情绪，避免在市场情绪过于乐观时盲目追高，市场情绪过于悲观时进行恐慌性抛售。正确的做法应该是在市场情绪低迷时寻找被低估的投资机会，在市场情绪高涨时适时减仓。

市场情绪的把握并不容易，它需要我们具备冷静的头脑和独立的判断力。我们可以通过观察市场的各种信号来感知市场情绪，如股价的波动、交易量的增减、市场评论的倾向等。在市场情绪普遍乐观时，我们应保持谨慎，避免被市场的非理性繁荣迷惑；在市场情绪普遍悲观时，我们则应保持理性，寻找那些因市场恐慌而被错失的投资机会。

四、个人投资风格的匹配与调整

每个人的投资风格都是独特的，有的人偏好积极进取，追求高风险高回报；有的人则偏好稳定保守，追求低风险稳定回报。在选择投资策略时，我们要根据自己的实际情况，选择与自己风格相匹配的策略。同时，投资者还应根据自身情况的变化，如收入水平、财务状况、生活需求等，适时调整投资策略。

个人投资风格的匹配是一个动态平衡的过程。我们应不断反思和审视自己的投资行为，确保所选策略与自己的风险偏好和投资目标相一致。此外，我们还应保持开放的心态，接受新的投资理念和方法，不断优化和升级自己的投资策略。

五、投资策略的多样化与平衡

在投资实践中，要避免单一的投资策略，而多样化的策略可以帮助我们在不同的市场环境下都能有所作为。例如，我们可以结合价值投资、成长投资、动量投资等多种策略，根据不同的市场情况灵活调整方略。同时，还应注意在不同资产类别之间进行分散投资，以降低单一资产或市场波动对整体投资组合的影响。

投资策略的多样化需要我们具备宽广的视野和灵活的思维，所以，就需要不断学习不同的投资理念和方法，了解各种投资工具的特点和适用场景。此外，我们还需要具备跨资产类别的配置能力，能够在股票、债券、商品、房地产等不同资产之间进行有效的组合和切换。

六、投资策略的动态调整与优化

因为市场是不断变化的，所以，我们的投资策略也需要随之做出动态调整。定期回顾和评估自己的投资策略，根据市场变化和个人情况的变化进行调整，是投资成功的重要保证。同时，我们还要不断吸纳新的投资理念和方法，以适应市场的发展。

投资策略的动态调整是一个持续的过程，为此，我们应建立一套有效的监控和反馈机制，定期检查投资组合的表现，评估投资策略的有效性，并根据反馈信息进行调整。此外，我们还应保持对市场变化的敏感度，及时捕捉市场信号，并做出快速反应。

掌握了以上方法，我们就可以根据自己的市场认知，选择既符合个人投资风格又顺应市场趋势的策略，这将大大提高我们投资成功的可能性。

3.3 投资导航图：
建立你的"认知地图"，让投资不再迷茫

为了在投资决策过程中有一个清晰的方向和策略，你可以绘制一份投资"认知地图"，这样，在财富积累的道路上，你就不会迷路。

以下是绘制"认知地图"的具体步骤：

第一步：确定地图的核心——投资目标

1. 核心定位

在地图的中心位置，用一个明显的标志（如星星或目标旗帜）来代表你的主要投资目标。

2. 目标细化

从中心向外，有不同大小的圆圈或云朵图形，每个图形内标注着具体的子目标，如"5年后购买房产""15年后退休储备"或"孩子的教育基金"。

第二步：标记关键点——价值观和偏好

1. 价值观图标

在核心区域的周围，用不同的图标来代表你的价值观，如天平代表平衡、锁代表安全等。

2. 偏好路径

用不同颜色的线条来表示你对风险和收益的不同偏好，颜色越深表示偏好越强烈。

第三步：绘制边界——风险承受范围

1．风险边界

中心外围有一个圆环或不规则图形，表示你的风险承受边界，边界内部表示安全区域，外部则代表风险区域。

2．最大损失

在边界上标注你愿意接受的最大损失百分比，作为警示。

第四步：添加地标——投资工具和资产类别

1．多元化地标

在地图上用不同的图形来代表不同的投资工具，如股票（上升箭头）、债券（房屋）、基金（堆叠的硬币）、黄金（金条）、艺术品收藏（画框）、创业投资（灯泡）等。

2．资产特性

为每个地标添加文字说明，描述其潜在回报、风险水平和流动性。

第五步：规划路径——投资策略

1．路径设计

从中心向外延伸出的一条或多条清晰线条，表示你从起点到终点的路径，路径可以是直线，也可以是曲线，以适应不同的市场和个人偏好。

2．策略标记

在路径上用不同的符号来表示不同的投资策略，如价值投资（放大镜）、成长投资（幼苗）、分散投资（分散开的图案）等。

第六步：设置路标——里程碑和检查点

1．里程碑

在路径上用里程碑或旗帜来表示特定的投资回报率或时间节点。

2．检查点

用问号来表示需要定期检查的点，如年度财务审查或市场情况评估。

第七步：准备应急路线——风险管理

1．应急路线

用虚线或备用路径来表示在遇到市场风暴时的应急策略，如转移到债券或黄金等更安全的资产。

2. 风险管理工具

用盾牌或保险丝的图标来表示可以使用的风险管理工具，如止损单、期权保护等。

> 小王是一位刚步入职场的软件工程师，我们来看看他为自己未来的投资绘制的"认知地图"。
>
> 在地图的核心区域，小王用一个醒目的大星星图标代表他的终极目标——"35岁前实现财务自由"。从核心目标向外，小王用2个大小不同的云朵图形标注了他的子目标："购买第一套房"和"建立紧急基金"。这些云朵按照时间顺序和重要性排列，形成了他投资路径上的关键节点。
>
> 围绕星星，小王放置了2个具有象征意义的图标：一个代表"创新"的灯泡，表示他愿意尝试新的投资方式；一个代表"安全"的锁，强调资金安全的重要性。他用一条蓝色线条将这两个图标和中心的星星连接起来，线条的颜色和粗细变化表示他对风险的接受程度是中等偏上。
>
> 为了明确自己的风险承受范围，小王在地图的外围画了1个大圆环，圆环内部用温暖的黄色填充，表示他的安全投资区域；而圆环外部则用灰色阴影表示风险区域。在圆环的边界上，他写下了"最大损失10%"，作为一个明确的警示。
>
> 在地图上，小王用不同的图形标记了各种投资工具，如代表股票的上升箭头、代表黄金的金条等。每个地标旁边，他都简要地写下了该投资工具的特点，如"股票——高风险高回报""黄金——避险资产"。
>
> 小王的投资路径是一条从中心大星星出发的蜿蜒线条，线条的

不同段落用不同的颜色标记，代表不同的投资阶段和策略。在路径上，他用放大镜表示"价值投资"区域，幼苗代表"成长投资"，分散开的图案则表示"分散投资"。

为了跟踪进度，小王在路径上设置了2个旗帜，分别标记"短期目标——3年达到紧急基金"和"中期目标——5年购买房产"。他用问号图标表示定期检查点，如每年底的财务审查。

最后，小王用一条虚线表示应急路线，如果市场出现剧烈波动，他可能会将部分资金转移到债券等更安全的资产上。在路径旁边，他添加了保险丝图标，代表期权保护等风险管理工具。

通过这份"认知地图"，小王为自己的投资之旅设定了清晰的方向和策略。这份地图不仅是他投资决策的指南，也是他个人成长的见证。

3.4 泡沫识别术：

学会识别市场中的泡沫，避免上当受骗

在投资领域，"市场泡沫"是一个令人闻之色变的词汇。市场泡沫通常指的是资产价格远高于其内在价值的情况，这种价格的虚高往往是由于投资者的过度乐观和投机行为所导致的。识别市场泡沫并避免陷入其中，对于保护我们的投资来说至关重要。

一、市场泡沫带来的损失

市场泡沫的形成和最终的破裂对投资者和企业都可能带来深远的影响。

（一）个人投资者的损失

1. **资本损失**：泡沫破裂通常伴随着资产价格的急剧下跌，投资者会面临巨大的资本损失，尤其是那些在价格高位时进入市场的投资者。

2. **机会成本**：资金被套牢在下跌的市场中，投资者会错失其他可能带来正回报的投资机会。

3. **心理影响**：资产的快速贬值会对投资者的心理造成打击，会导致投资者对未来市场失去信心，影响其后续的投资决策。

（二）对企业的冲击

1. **融资困难**：市场泡沫破裂后，投资者信心下降，企业会更难获得融资，特别是那些依赖资本市场进行扩张的公司。

2．**股价下跌**：上市公司的股价会因为市场整体下跌而受到影响，进而影响公司的市值和声誉。

3．**经营挑战**：资产价格的下跌会加剧企业的财务压力，尤其是那些有大量债务或资产贬值风险的企业。

二、市场泡沫的常见特征

在投资市场中，泡沫的形成往往是一系列因素共同作用的结果。了解这些特征有助于我们识别潜在的泡沫，从而做出更明智的投资决策。

（一）价格脱节

资产价格与其内在价值严重不符是泡沫最直观的特征。当资产价格的增长速度远远超过其盈利增长或其他基本面因素所能支撑的范围时，我们就需要警惕是否存在泡沫了。例如，公司的股价连续飙升，但其营业收入和利润并没有同步增长，这种价格与价值的脱节可能就是泡沫的迹象。

（二）过度交易

市场中的交易量异常增加，尤其是当大量买卖集中在少数热门资产上时，可能表明市场出现了过热现象。这种情况下，投资者往往出于投机目的而频繁进行交易，而不是基于长期价值的持有。

（三）高杠杆率

高杠杆意味着投资者使用了大量的借贷资金进行投资，这虽然可以放大收益，但同时也放大了风险。当市场出现波动时，高杠杆的投资者为了满足追加保证金的要求，可能会被迫平仓，这种集体平仓的行为会加剧市场的下跌，形成恶性循环。

（四）新闻炒作

媒体的过度关注和炒作往往会放大市场的乐观情绪，导致投资者对某些资产或市场抱有不切实际的期望。当新闻头条充斥着关于某类资产的正面报道时，我们需要保持警惕，不被市场的炒作迷惑。

（五）新投资者大量涌入

新手投资者的大量涌入往往是市场泡沫的另一个信号。这些缺乏经验的投资者可能因为市场的短期繁荣而盲目入市，他们的加入可能会进一步推高资产价格，但也增加了市场的不稳定性。

（六）非理性繁荣

在泡沫期间，市场普遍存在一种盲目乐观的情绪，投资者对于风险的意识降低，甚至忽视了基本的投资原则。这种非理性繁荣往往预示着市场即将到达转折点。

三、识别市场泡沫的方法

要避免陷入市场泡沫，我们就需要掌握一些有效的识别方法，这些方法可以帮助我们做出更加理性的投资决策。

（一）历史对比

通过将当前的资产价格与历史价格进行对比，我们可以发现价格是否存在异常的上涨。如果当前价格远远超出了历史平均水平，尤其是在没有相应基本面支撑的情况下，就可能表明市场出现了泡沫。

（二）基本面分析

深入分析资产的基本面是识别泡沫的关键。我们需要评估资产的盈利能力、财务状况、市场地位等因素，判断其是否能够支撑当前的高价格。如果资产的基本面并不强劲，而价格却异常高涨，通常情况下，这就是泡沫的迹象。

（三）市场情绪

关注市场情绪，尤其是市场中是否存在普遍的过度乐观和投机心理。我们可以通过观察市场评论、投资者行为和媒体报道来感知市场情绪。当市场情绪过于乐观时，我们就需要保持谨慎。

（四）杠杆水平

研究市场参与者的杠杆使用情况也是识别泡沫的重要方法。高杠杆率意味着投资者承担了较高的风险，一旦市场出现逆转，高杠杆的投资者可能会面临巨大的损失。

（五）流动性考量

检查市场的流动性是另一个识别泡沫的方法。泡沫往往在市场流动性枯竭时破裂。当市场流动性减少，即投资者难以买入或卖出资产时，这可能就是泡沫破裂的信号。

（六）专家意见

虽然专家意见并非总是正确的，但了解专家对于市场的看法可以为我们提供额外的视角。专家的分析往往基于深入的研究和多年的经验，他们的意见可以帮助我们从更专业的角度理解市场。

通过上述方法，我们可以更加准确地识别市场中的泡沫，并采取相应的策略来避免上当受骗。由此可见，在投资过程中，保持理性、谨慎的态度，不盲从市场的非理性繁荣，是我们保护自己投资安全的重要原则。

3.5 投资组合调整：

优化你的投资组合，让收益更稳定

投资组合并不是一堆金融产品的简单堆砌，而是一个深思熟虑的规划，需要考虑选择哪些资产，以及如何管理这些资产以平衡风险和收益。下面，我们一起来探索如何构建和调整这样的投资组合，以适应市场的波动，实现你的财富目标。

一、投资组合的类型

（一）保守型投资组合

这类投资组合的目标是保护资本和提供稳定的收益。它们通常包含大量的债券和货币市场基金，购买这些资产风险较低，但收益也相对有限。保守型投资组合适合那些对市场波动敏感、希望保护资产不受损失的投资者。

（二）稳健型投资组合

这种类型的投资组合在风险和回报之间寻求平衡。它们通常包含一定比例的股票和债券，以及可能的其他资产类别，如房地产投资信托或商品。稳健型投资组合适合大多数投资者，尤其是那些有中等风险承受能力的人士。

（三）进取型投资组合

这类投资组合更倾向于追求高收益，因此愿意承担更高的风险。它们通常包含较大比例的股市投资，尤其是成长股和小盘股，虽然这些资产可能带来较高的回报，但同样伴随着较高的波动性。进取型投资组合适合那些对市场有深入了解、愿意为获取更高回报承担更大风险的投资者。

（四）多元化投资组合

这种投资组合通过在多个资产类别和不同市场之间进行分散投资来降低风险。它们通常包含股票、债券、商品、房地产和其他资产，以及国际投资。多元化投资组合适合那些希望减少特定市场或资产类别风险的投资者。

二、优化投资组合的策略

（一）风险评估

在构建投资组合之前，首先要了解自己的风险承受能力。这意味着要考虑你的财务状况、投资目标、投资期限以及你对未来市场波动的敏感度。风险评估将帮助你决定投资组合中股票和债券的分配比例，以及其他资产的配置。

（二）资产配置

资产配置是投资组合管理的核心。它决定着不同资产类别在投资组合中的比重。股票通常提供较高的长期收益潜力，但短期内可能波动较大；债券则提供相对稳定的收入流，但长期收益较低。根据你的风险偏好，调整这些资产的比重，以构建符合目标的投资组合。

（三）定期再平衡

市场的变化会导致投资组合中各资产类别的比例偏离原定目标。定期再平衡是将投资组合恢复到预定配置的过程。这可能涉及卖出一些表现较好的资产，以及买入一些表现较差的资产。再平衡有助于控制风险，同时实现收益的再投资。

（四）成本控制

投资成本，如管理费、交易费和税费等，都可能显著影响你的投资回报。选择成本效益高的投资工具，如指数基金或交易所交易基金，可以减少这些费用的影响，从而提高净收益。

（五）税收效率

税收是影响投资回报的重要因素。利用税收优惠账户，如特定储蓄计划，可以推迟或减少税收支付。此外，选择税收效率高的投资策略，如投资于免税债券或税负较低的资产，也可以帮助减少税收负担。

杨先生作为一名企业中层管理者，每天都忙碌于各种会议和项目之中。随着工作压力的增加，他开始思考如何为自己的未来增加一份保障。在对个人财务状况进行了全面审视后，杨先生意识到，除了工作收入，他还应该通过投资来增强自己的财务安全感。

杨先生对投资市场并不陌生，但他也清楚自己没有足够的时间来密切关注每一个市场动态。因此，他决定采取一种既能保证收益又不会占用太多时间的投资策略。在咨询了财务顾问并进行深入的市场研究后，杨先生选择构建一个混合型投资组合，这种组合能够平衡风险和回报，适合他这样的稳健型投资者。

在杨先生的投资组合中，债券占据了重要位置。他选择了一些信用评级较高的企业债和国债，这些债券不仅风险较低，而且能够提供稳定的利息收入。此外，杨先生还将一部分资金投向了股市，但他并没有盲目追求高风险的股票，而是选择了那些有着良好盈利记录和稳健增长潜力的蓝筹股。

除了传统的债券和股票，杨先生还特别青睐指数基金。他认为，这种工具不仅能提供与股票市场相似的回报，而且费用低廉，管理起来更加方便。通过定期投资这些低成本的基金，杨先生能够在保持投资组合多样化的同时，降低交易成本、提高投资效率。

通过这种深思熟虑和精心规划的投资策略，杨先生的投资组合在风险可控的前提下实现了稳步增长，他的财务安全感也随之增强。

3.6 持续学习市场：
市场在变，你的知识也要更新

市场是动态的，随着经济的波动、技术的进步、政策的调整及无数投资者行为的变化，市场也在不断演进。因此，持续学习有关市场的知识，更新我们的市场认知，有助于我们把握投资时机，并且让我们在面对市场波动时，做出更为明智的决策。

一、市场知识更新的必要性

我们要认识到市场知识更新的必要性。市场不是静止不变的，今天的投资智慧可能到明天就变得不再适用。例如，随着科技的发展，新能源行业可能迎来爆发期，而传统的能源行业则可能面临衰退。如果我们不能及时更新知识，就可能错失新兴行业的投资机会，或者在传统行业中遭受损失。

二、如何持续学习市场

（一）阅读财经新闻

财经新闻是了解市场动态的重要窗口。通过阅读，投资者可以及时了解影响市场的宏观经济数据、重大政策变动、行业发展趋势等信息。这些信息对于投资者制定投资策略、调整投资组合至关重要。

（二）学习经济学原理

经济学提供了一套分析市场的工具和理论基础。掌握经济学原理，可以帮助投资者理解市场的供需关系、价格机制、货币政策等基本经济现象，从而更深入地洞察市场运作的内在逻辑。

（三）参加投资研讨会

投资研讨会是获取第一手市场见解的有效途径。在研讨会上，投资者可以与专业的分析师、成功的投资者直接交流，获取他们的投资经验和市场分析。这种交流可以帮助投资者拓宽视野，提升投资技能。

（四）学习财务分析

财务分析是评估公司价值的重要手段。通过学习财务分析，投资者可以深入了解公司的盈利能力、财务状况、现金流量等关键指标。这些分析结果对于投资者判断公司的投资价值、做出投资决策具有重要意义。

（五）关注行业报告

行业报告提供了对特定行业发展的深入分析。通过阅读行业报告，投资者可以了解行业的发展趋势、竞争格局、技术进步等关键信息。这些信息对于投资者寻找行业内的投资机会、规避行业风险具有重要指导作用。

（六）模拟投资实践

模拟投资是一种无风险的投资实践方式。通过模拟投资，投资者可以在不投入真实资金的情况下，尝试不同的投资策略，测试自己的市场认知。这种实践有助于投资者提升投资技能，增强投资经验。

三、持续学习的好处

（一）提高投资回报

通过不断学习，我们可以更准确地判断市场趋势，把握投资时机，从而提高投资回报。

（二）降低投资风险

了解市场的运作机制和风险因素，能够帮助我们更好地管理投资组合，降低风险。

（三）增强市场适应性

市场是不断变化的，持续学习能够让我们及时适应市场变化，保持竞争力。

（四）提升决策信心

随着知识的积累，我们在做出投资决策时会更加自信，减少因不确定性而产生的焦虑。

四、制订学习计划

（一）设定学习目标

明确学习目标是制订学习计划的第一步，要根据自己的投资需求和兴趣，设定具体的学习目标，如掌握特定的财务分析工具，或者深入了解某个行业的发展趋势。

（二）安排学习时间

在日常生活中安排固定的学习时间，可以帮助投资者养成良好的学习习惯。无论是每天早晨阅读财经新闻，还是周末参加在线课程，都应该让学习成为你日常生活的一部分。

（三）选择学习资源

选择合适的学习资源，可以提高学习效率。你可以根据自己的学习习惯和偏好，选择书籍、在线课程、研讨会、播客、金融博客等，它们都可以帮助你获取知识。

（四）实践所学知识

将学到的知识应用到实际的投资决策中，是巩固和深化理解的重要方式。你可以通过模拟投资或小额实盘操作，来践行所学的知识，提升投资技能。

（五）定期复习

定期复习所学的知识，可以帮助你避免遗忘，同时结合新的市场情况不断更新知识。每隔一段时间，就要回顾和总结自己的学习成果，确保知识体系的时效性。

市场是一个复杂的系统，它要求我们不断学习和适应新情况。通过持续学习，不仅能够提升自己的投资技能，更能在不断变化的市场中保持清醒的头脑和稳健的步伐。

3.7 趋势分析技巧：
学会分析市场趋势，把握投资时机

市场趋势是资产价格随时间变化的总体方向，理解并运用趋势分析技巧，可以帮助投资者在正确的时间里做出更好的决策，从而让投资回报最大化。

一、识别市场趋势类型

市场趋势是投资决策的风向标，正确识别趋势类型对于把握投资机会至关重要。

（一）上升趋势

上升趋势，也称为牛市，是指市场价值持续上涨的时期。这通常发生在经济繁荣、企业盈利增加、投资者信心高涨的背景下。在这个阶段，市场普遍预期积极，资产价格稳步攀升。例如，科技行业的快速发展可能会带动相关公司的股价上涨，形成上升趋势。

（二）下降趋势

下降趋势，或称熊市，是指市场价值持续下跌的时期。在这一时期，可能会出现经济衰退、企业盈利下降或投资者信心减弱等问题。在下降趋势中，市场情绪普遍悲观，资产价格持续下滑。例如，某一领域的过度开发可能导致供过于求，进而引发价格下跌。

(三)震荡趋势

震荡趋势,或称为横盘整理,是指市场价格在一定范围内上下波动,未显示出明显上升或下降的趋势。这种趋势常见于市场不确定性较高、投资者观望情绪浓厚的时期。例如,政策变动或重大事件结果未明时,市场可能会进入震荡状态。

(四)周期性趋势

周期性趋势是指市场价值随着经济周期或特定季节性因素而波动。这些趋势在农业、旅游业等行业尤为明显。例如,农产品价格可能会因季节变化而出现周期性波动,旅游地区的房产价格可能在旅游旺季上涨。

二、如何分析市场趋势

市场趋势分析是一个多维度的过程,涉及经济、社会、技术等多个层面。

(一)宏观经济分析

宏观经济分析是评估市场趋势的重要工具。通过关注国家的GDP增长率、通货膨胀率、失业率等关键经济指标,投资者可以对经济状况有一个宏观的把握。例如,低失业率和稳定的GDP增长通常预示着经济健康,可能支持市场上升趋势。

(二)行业分析

深入研究特定行业的发展趋势、竞争格局和技术创新,可以帮助投资者识别行业的增长潜力和潜在风险。例如,新能源汽车行业的兴起可能预示着汽车行业的未来趋势。

(三)消费者行为研究

消费者行为的变化直接影响市场需求。通过研究消费者的偏好、购买力和消费习惯,投资者可以预测市场的变化趋势。例如,环保意识的提升可能会增加对绿色产品的需求。

(四)供需关系分析

供需关系是影响市场价格的核心因素。通过分析供给能力和消费者需求的关系，投资者可以预测价格走势。例如，如果某种商品的供给量小于市场需求，价格可能会上涨。

（五）技术分析

技术分析通过分析历史价格数据和图表模式来预测未来的价格变动。虽然它不涉及基本面因素，但可以为投资者提供市场情绪和交易行为的洞察。例如，股票价格的支撑位和压力位可以通过技术分析来识别。

三、如何根据市场趋势制定有效投资策略

企业和个人应结合自身情况和市场趋势来制定投资策略。

（一）企业投资策略

企业应密切关注市场趋势，并据此调整商业战略。在上升趋势中，企业可能需要扩大生产规模以满足市场需求；在下降趋势中，则可能需要削减成本或寻找新的增长点。例如，一家科技公司可以在技术行业上升期增加研发投入。

（二）个人投资策略

个人投资者应根据自己的风险承受能力、投资目标和市场趋势来选择投资时机。在上升趋势中，投资者可能会增加对增长型股票的投资；在下降趋势中，则可能转向债券或黄金等避险资产。例如，一位风险厌恶型的投资者可以在市场不稳定时选择固定收益投资。

（三）把握投资时机

把握投资时机需要敏锐的市场洞察力。在上升趋势中，投资者应关注行业领导者和具有增长潜力的企业；在下降趋势中，则应寻找被市场低估的资产。例如，一位投资者可以在市场低迷时购入具有长期增长潜力的股票。

需要注意的是，市场趋势分析并不能保证投资成功，它只是为投资决策提供了一个工具。投资者应结合自身的投资经验和市场情况，谨慎地做出投资决策。

第四天
Day 04

创新认知
——开启财富新渠道

4.1 创新思维：

创新是赚钱的新途径

在经济飞速发展的今天，创新思维已经成为个人和企业实现财富增长的关键引擎。但我们需要注意的是，它不是简单的发明创造，而是一种能够突破传统思维定式，从不同角度发现问题和解决问题的能力。那么，什么是创新思维？我们要如何利用创新思维来增长财富呢？

一、创新思维的定义

创新思维，简单来说，就是能够打破常规，从不同的角度看待问题，提出独特解决方案的一种思维方式。它要求我们不断挑战现状，探索未知，通过创造性地组合现有资源，创造出新的价值和机会。

（一）适应市场变化

市场是动态的，消费者的需求在不断变化。创新思维能够帮助我们快速捕捉这些变化，抓住新的商机。例如，随着健康意识的提高，有机食品和低糖饮料的市场需求量大幅增加，创新思维可以帮助我们开发出符合这些需求的新产品。

（二）解决复杂问题

在面对复杂和棘手的问题时，传统的方法可能显得滞后甚至不再有效，创新思维就能够提供全新的视角和解决方案。比如，在环境保护日益受到重视的今天，创新思维可以帮助我们找到既环保又经济的生产方式。

（三）增强竞争优势

在激烈的市场竞争中，只有创新才能使企业获得持续竞争的优势。通过创新，企业可以开发出独特的产品或服务，吸引更多的消费者。例如，小米公司通过不断的产品创新和高效的互联网营销模式，迅速占领市场，成为智能手机和智能家居产品的领先品牌。

（四）推动持续成长

无论是个人还是企业，创新都是推动持续成长的动力。它能够帮助我们在职业生涯和企业发展中不断前进，实现财富的积累。例如，通过创新思维，个人可以通过投资新兴行业或创业来实现财富的快速增长。

二、创新思维的培养

（一）保持好奇心

对周围的世界保持一颗好奇心，不断进行提问，这就是创新思维的起点，它要求我们对于每一件事物，都尝试去了解其背后的原理和逻辑。例如，当看到一个新颖的产品时，不妨问问自己，它是如何被设计出来的？它解决了什么问题？

（二）多元化学习

广泛学习不同领域的知识，有助于我们在思考问题时能够进行跨界联想，从而产生新的想法。例如，学习艺术可以帮助我们提高创造力，学习科学可以让我们更加理性和严谨。多元化的学习不仅能够拓宽我们的视野，还能够提高我们综合解决问题的能力。

（三）鼓励尝试

不要害怕尝试新的方法和想法，即使它们看起来不切实际。有很多伟大的创新最初都源于看似荒谬的尝试。只有敢于尝试，才可能实现创新。

（四）接受失败

在创新的过程中，难免会遇到失败。俗话说："失败是成功之母。"我们应该接受失败，并从失败中学习，进而不断调整自己的想法，优化自己的做事方法。每一次失败都是向成功迈进的一步，都能让我们一步步接近成功。因此，我们不应该因为害怕失败而放弃尝试。

（五）多角度思考

尝试从不同角度和利益相关者的视角来看待问题，有助于我们发现问题的新维度。例如，从消费者的角度思考产品设计，从竞争对手的角度思考市场策略。多角度思考能够帮助我们更加全面地理解问题，进而找到更行之有效的解决方案。

三、创新思维在财富增长中的应用

（一）产品创新

创新思维可以帮助我们开发新的产品或服务，从而满足市场上未被满足的需求。例如，通过持续的技术创新，华为公司开发出了具有自主知识产权的 5G 通信技术，继而引领全球通信技术的发展。

（二）营销创新

运用新的营销手段，如社交媒体营销、内容营销等吸引和保持客户。例如，一些品牌通过讲述引人入胜的故事，来吸引消费者的注意力。营销创新也要求我们紧跟时代潮流，了解消费者的新需求和新习惯，从而制定更有效的营销策略。

（三）技术创新

利用新技术，如人工智能、大数据等来提高生产效率和产品质量。例如，自动化生产线可以大大提高制造业的生产效率。技术创新需要我们不断关注技术发展的最新动态，积极探索技术在商业领域的应用。

（四）管理创新

通过改进管理方法，如采用更加灵活的工作制度，来提高员工的创造力和满意度。例如，一些企业选择采用远程工作模式，让员工在任何地方都能高效地开展工作。管理创新要求我们重新思考组织结构和运营流程，进而创造更高效、更人性化的管理模式。

　　创新思维是一种强大的工具，它能够帮助我们在不断变化的市场中找到新的赚钱机会。通过培养创新思维，我们能开启财富增长的新渠道，实现个人和企业的持续发展。

4.2 激发创意：
多元化思维让创意源源不断

在探讨多元化思维如何激发创意之前，我们首先需要理解什么是多元化思维。简单来说，多元化思维是一种能够整合不同领域、不同背景、不同角度的知识和经验，以创新的方式解决问题的思考模式。它要求我们跳出固有的思维框架，接纳和运用多样化的思维方式，从而产生新颖的想法和解决方案。

一、多元化思维的特点

（一）跨界融合

多元化思维鼓励我们将艺术与科学、东方与西方、传统与现代等领域的知识结合起来，形成全新的视角。比如，一个艺术家可能会从物理学的相对论中获得灵感，创作出深具哲学意味的作品。

（二）开放性

在多元化思维中，我们对新观点、新信息保持开放的态度。这意味着我们愿意倾听不同的声音，哪怕是与自己观点相悖的意见，也可能成为创新的催化剂。

（三）灵活性

多元化思维要求我们根据不同情境灵活调整思维方式。在面对一个复杂问题时，我们需要从多个角度进行分析，而不是固守某一种模式。

（四）创新性

多元化思维鼓励创新，不断寻求新的解决方案。它要求我们不满足于传统或常规的方法，而是勇于尝试，即使这些尝试可能充满挑战。

二、多元化思维激发创意

多元化思维之所以能够激发创意，是因为它为我们提供了一个宽广的思考平台，让我们能够自由地探索和实验。

（一）打破思维定式

我们的思维往往会受到经验和习惯的限制，形成一种定式。多元化思维能够帮助我们打破这种定式，从不同的角度看待问题，从而激发新的创意。

（二）促进知识交叉

通过整合不同领域的知识，可以产生新的组合。这种交叉可能带来创新的点子，比如将音乐与科技结合，就能够创造出新型的音乐播放设备。

（三）增强问题解决能力

多元化思维让我们能够从多个角度分析问题，找到问题的核心。这种全面的视角有助于我们提出更有效的解决方案。

（四）激发创新灵感

接触和了解不同的文化和背景，能够激发我们的想象力。这种灵感是创意产生的宝贵资源，可以为我们的创新活动提供丰富的素材。

（五）培养创新心态

多元化思维鼓励我们不断尝试和探索，这种心态是创新的重要驱动力，它使我们在面对困难和挑战时，能够保持积极和乐观的态度。

三、多元化思维的培养

（一）广泛阅读

阅读是获取知识最直接的方式，我们应该广泛阅读不同领域的书籍，了解不同学科的基础知识和前沿动态。

（二）多领域学习

除了阅读，我们还应该参与不同领域的课程或讲座，增加知识的广度。这种跨学科的学习有助于我们在思考问题时形成跨界的思维模式。

（三）跨界交流

与具有不同背景的人进行广泛地交流，了解他们的观点和思考方式，从而拓宽我们的视野，让我们接触到不同的生活方式和思维方式。

（四）实践应用

将所学的知识和思维方式应用到实践中，以此检验和完善自己的思维模式，使之更加成熟和实用。

四、多元化思维在财富增长中的应用

（一）全面洞察市场

通过多元化思维，我们可以更全面地理解市场动态，洞察消费者需求，这有助于我们开发出满足市场需求的新产品或服务，从而实现财富的增长。

（二）商业模式创新

运用多元化思维，结合不同行业的特点，能够创造出独特的商业模式，为我们的企业带来新的盈利点，增强竞争力。

（三）优化投资决策

在投资决策中，多元化思维能够帮助投资者从宏观经济、行业发展、公司治理等多个角度评估投资项目，从而做出更全面的判断。这种全面的视角有助于我们降低投资风险，提高投资回报。

（四）降低投资风险

通过多元化思维，我们可以识别和评估投资中的各种潜在风险，据此可以制定有效的风险管理策略，保护自身财富不受损失。

（五）提升团队管理

在团队管理中，多元化思维有助于整合团队成员的不同视角和专长，提高团队的创新能力和解决问题的效率，从而提升企业的整体竞争力。

多元化思维是一种强大的工具，它能够帮助我们在各个领域中激发创意，解决问题，并最终实现财富的增长。在快速变化的现代社会中，拥有多元化思维的人更有可能抓住新的机遇，实现自我超越。

4.3 面对挑战：
遇到创新难题，怎么应对

在创新的道路上，挑战和困难是不可避免的。这些难题可能来自技术、市场、资金、团队等多个方面，但正是这些挑战激发了我们探索未知的勇气和智慧。因此，我们需要正视这些挑战，并采取有效的策略来迎接挑战。

一、技术难题

在新技术的研发过程中，我们可能会遇到技术瓶颈，这些瓶颈可能让项目进展变得缓慢，甚至停滞不前。为了克服这些难题，我们需要持续投入研发资源，不断地进行尝试和改进。同时，与科研机构的合作可以为我们提供更广阔的视角和更深入的技术支持。此外，请专家进行技术指导，他们的经验和知识会帮助我们突破技术难题。

二、市场接受度

新产品或服务推向市场时，可能会遭遇消费者的认知障碍或信任缺乏。这是因为消费者对新事物往往持谨慎态度，他们需要经过一段时间来接纳。为了提高市场接受度，我们就需要加强市场宣传，通过各种渠道和方式向消费者传达产品的价值和优势。试点项目和试用体验就是两种有效的方式，它们可以让消费者亲身体验产品，从而逐步建立起对产品的信任和依赖。

三、资金短缺

创新项目通常需要大量的资金支持，资金短缺无疑会限制创新的深入发展。为了解决资金问题，我们可以寻求多渠道的资金筹集方式。其中，风险投资是一种常见的选择，它不仅可以提供资金支持，还能带来投资者的管理和市场资源；政府补贴是另一种可行的方式，许多政府都设有支持创新项目的基金；此外，银行贷款和众筹也是筹集资金的有效途径。

四、法律和政策风险

创新活动可能会触及法律法规的模糊地带，造成法律风险或政策的不确定性。为了降低这种风险，我们需要咨询法律专家，了解相关法律法规的最新动态，确保创新活动始终在合法合规的轨道上进行；同时，我们还需要密切关注政策变化，及时调整创新策略，以适应政策环境的变化。

五、团队分歧

在创新团队中，成员间出现意见分歧是常见的现象。这些分歧如果处理不当，可能会导致协作困难，影响创新效率。为了提高团队协作效率，我们需要建立有效的沟通机制，确保团队成员能够及时交流信息，分享各自的想法；同时，明确团队目标和个人职责也非常重要，这样，就可以帮助团队成员集中精力，朝着共同的目标努力；增强团队凝聚力也是提高团队协作效率的重要环节，我们可以通过团建活动、价值观和目标认同等方式来增强团队的凝聚力。

六、竞争压力

在激烈的市场竞争中，我们的创新成果可能会受到竞争对手的模仿或打压。为了应对这种竞争压力，就需要加快创新步伐，不断推出新的产品或服务，以保持竞争优势。为此，构建技术壁垒也是一种有效的策略，通过专利保护等方式，可以有效防止竞争对手的模仿，确保我们的创新成果不被盗用。

七、创新方向

面对众多可能的创新方向，我们可能会感到困惑，不知道如何选择。错误的选择可能会导致资源的浪费，甚至影响到企业的长远发展。为了选择正确的创新方向，我们需要进行深入的市场调研，了解市场的需求和趋势；同时，还要对不同创新方向的可行性和潜在价值进行评估，这可以帮助我们集中资源，将其投入最有前景的创新方向上。

八、消费者习惯

消费者的习惯和偏好往往具有一定的稳定性，改变这些习惯需要时间和耐心。为了促使消费者接受创新产品，我们需要深入了解他们的需求，设计出既时尚新颖又符合他们使用习惯的产品。此外，通过有效的营销策略，也可以引导消费者改变习惯、接受新事物。这些策略包括广告宣传、社交媒体营销、口碑营销等，通过这些手段提高产品的知名度、激发消费者的购买欲望。

九、风险管理

在创新过程中，不确定性和风险是不可避免的。为了更好地应对风险，我们需要建立一套完善的风险管理体系。首先，需要识别和评估可能存在的风险，了解其对项目的潜在影响；其次，要制定应对方案，准备好相应的资源和措施，以便在风险发生时能够迅速反应；再次，定期审查和更新风险管理策略，确保其能够适应不断变化的环境；最后，还可以通过购买保险来转移部分风险，减少可能的经济损失。

十、持续创新的挑战

持续创新需要不断地投入和努力。在这个过程中，难免会遇到创意枯竭或团队疲劳的问题。为了保持创新的持续性，我们需要建立一种创新文化，鼓励员工持续学习和思考，不断寻找新的创新机会。比如，定期组织创意工作坊，为员工提供一个自由交流和思考的平台，由此激发他们的创新活力；同时，关注员工的工作负担，避免过度疲劳，也是保持团队创新活力的重要措施。

通过上述策略，我们可以更好地应对创新过程中的挑战，将困难转化为推动创新发展的动力。创新不仅仅是一种技术或产品上的突破，更是一种思维方式和文化氛围的培养，这需要我们在实践中不断学习，不断适应市场发展的新趋势。只有不断探索和实践，我们才能在创新的道路上走得更远。

4.4 打破常规：

打破传统思维，释放创新潜能

传统思维，通常指的是那些沿袭已久、被广泛接受的思考模式和方法。这种思维方式具有两方面的特性，也就是既稳定、可靠，但也可能因过于固化而限制了我们的想象力和创造力。而创新思维则是开放、灵活、多元的，它鼓励我们跳出既定框架，探索新的可能性。

一、打破传统思维的障碍

要激发创新潜能，我们首先需要识别和克服那些阻碍创新的障碍：

（一）恐惧心理

害怕失败、害怕改变、害怕被质疑，这些恐惧会阻碍我们尝试新的思路。要克服这种心理，就需要正视自己的恐惧，理解失败只是创新过程中的一个组成部分。对此，我们可以通过逐步增加尝试新思路的规模和深度，来减少对失败的恐惧。

（二）惯性思维

惯性思维的人习惯于用老方法解决问题，不愿意或不习惯寻找新的解决方案。要打破这种思维模式，就需要定期进行自我反思，审视自己的思维模式；同时，可以通过阅读、旅行、交流等方式，接触新的思想和方法，以此来打破思维的惯性。

（三）固定观念

固定观念是对某些事物持有刻板印象，不愿意接受新的观点和可能性。要改变这种观念，就需要培养开放的心态，接纳不同的观点。可以通过参加工作坊、讲座、讨论会等活动，了解不同领域的知识和观点，以此来拓宽自己的视野。

（四）资源限制

有部分人认为创新需要大量的时间和金钱投入，从而未经尝试就决定放弃。要克服这种限制，就需要重新定义创新的概念，理解创新不一定要做大规模的投入，小规模的改进和优化也是创新的一种形式。我们可以从身边的小事做起，逐步积累创新的经验和信心。

二、打破传统思维模式

（一）培养好奇心

作为创新的起点，好奇心能够驱使我们探索未知，发现问题的新维度。我们可以通过阅读科普书籍、观看纪录片、参加知识竞赛等方式，激发自己的好奇心。

（二）接受失败

创新的过程中难免会遇到失败，某些时候，失败也是成功的前提，所以，我们应该接受失败，从失败中学习，对创新方案不断进行调整和优化。我们可以通过建立失败日志，记录每次失败的经历和教训，以此来提高自己对失败的容忍度。

（三）鼓励尝试

不要害怕尝试新的方法和想法，即使它们看起来不切实际。很多创新在初始阶段，甚至还会显得非常荒谬，让人难以接受。我们可以通过设立创新基金等方式，鼓励团队成员提出和尝试新的想法。

（四）多角度思考

尝试从不同角度和利益相关者的视角来看待问题，这有助于我们发现问题的新维度。我们可以通过角色扮演、模拟游戏等方式，体验不同角色的视角和思考方式。

（五）质疑常规

培养对现有流程和方法的质疑态度，不断地追问自己："为什么我们必须这样做？"通过这种方式，可以发现现有流程和方法的不足之处，从而找到改进的空间。

（六）跨界合作与开放创新

鼓励不同行业、领域的跨界合作与交流，寻找非传统的合作伙伴，开展跨界创新。通过与其他行业的专家、学者、企业进行合作，可以给我们带来全新的思维方式和创新视角，促进跨行业的创新融合。

（七）逆向思维

尝试从相反的角度思考问题，这有助于发现传统思维可能忽视的方面。我们可以通过设定"反传统"的思考练习，比如"如果现有的规则全部取消，我们会怎么做？"，来进行思维层面上的反向延伸。

（八）跨学科学习

跨学科的知识可以带来全新的视角和思维方式。例如，工程师可以学习设计，市场人员可以学习心理学。跨学科的学习有助于我们从不同领域吸取灵感，拓宽思维的边界。

（九）头脑风暴

组织团队头脑风暴会议，不设限地提出各种想法和方案，鼓励每个人畅所欲言。这种集思广益的方法可以激发团队成员的创造力，并产生意想不到的创新点子。

（十）与多样化的人交流

多与不同背景、不同文化的人交流，了解他们的思维方式和生活经验。这种多样化的交流能够带来新鲜的观点和灵感，帮助我们打破固有的思维模式。

通过上述方法，可以逐步打破传统思维的束缚，释放出创新的潜能。创新不仅仅是创造新产品或新技术，更是获得一种思维方式、一种文化氛围。在快速变化的现代社会中，拥有创新思维的人才更有可能抓住新的机遇，实现自我超越，开启财富的新渠道。

4.5 持续创新：

创新不停步，财富才能持续增长

在经济全球化和技术革新不断加速的今天，持续创新已成为推动个人和组织财富增长的核心动力。创新意味着打破常规，引入新思想、新技术，代表着一种永不满足、不断探索的精神。正是这种精神，激发了无数的发明创造，推动了社会的进步，同时也为创新者带来了丰厚的回报。

一、持续创新的重要性

（一）适应市场变化

在当今日新月异的商业环境中，市场的需求和消费者的偏好变化莫测。我们只有通过持续创新来适应这些变化，以确保产品和服务能够满足最新的市场需求。创新不仅仅是对现有产品进行小修小补，还包括开发全新的产品线、探索未知的市场领域，甚至是重塑商业模式。例如，随着健康意识的提升，食品行业通过创新推出了更多健康、有机的产品，满足了消费者对健康饮食的追求；同时，科技的飞速发展也要求企业不断创新，以充分利用最新的技术进步，如人工智能、大数据等，来提升产品性能和服务质量。

（二）维持竞争优势

在激烈的市场竞争中要保持优势，就要不断进行创新。通过持续创新，可以开发出具有独特卖点的产品或服务，建立起品牌的独特性和差异性，从而在众多竞争者中脱颖而出。创新还能够帮助企业和个人预见未来的市场趋势，提前做好准备，把握市场先机。例如，一些科技公司通过不断的技术创新，推出了一系列革命性的产品，如智能机器人、无人机等，引领了市场新潮流，确立了行业的领导地位。

（三）开拓新的财富来源

持续创新是个体和组织实现财富增长的重要途径之一。在产品和服务的开发上，创新可以带来新的功能和改进，满足市场上未被充分满足的需求。

此外，创新还可以通过拓展新的市场来实现收入增长。随着全球化的深入发展，许多企业和个人开始探索国际市场，通过出口或在海外设立分支机构来增加收入；同时，互联网的普及也为在线业务提供了无限可能，使得远程服务和电子商务成为新的收入来源。

同时，采用新的商业模式也是开拓收入的有效途径。例如，从传统的产品销售转向基于订阅的服务模式，或者采用共享经济模式，这些创新的商业模式能够为企业带来更稳定的现金流和更高的客户忠诚度。

（四）提高效率和降低成本

持续创新在提高效率和降低成本方面发挥着重要作用。通过引入自动化和智能化的生产设备，企业可以减少人工成本，提高生产效率。例如，制造业中的机器人自动化生产线能够在减少人工干预的同时，提高产品质量和生产速度。

技术创新还能够优化资源配置，减少能源消耗和材料浪费。在农业领域，精准农业技术的应用使得灌溉和施肥更加高效，减少了资源的浪费；在物流行业，通过优化算法和路径规划，可以降低运输成本，提高货物的配送效率。

二、如何保持持续创新

（一）接受并拥抱变化

在不断变化的环境中，适应性强的个体和组织更有可能生存和繁荣。接受变化，甚至主动寻求变化，为创新提供动力，也就是说，我们需要摒弃旧的思维模式和习惯，敢于尝试新的方法和途径。

（二）实施灵活的策略和流程

僵化的结构和流程可能会抑制创新。采用灵活的策略和流程，可以更快地适应变化，并为创新提供空间。因此，我们需要建立一种灵活的组织结构，鼓励跨部门、跨职能的合作；同时，我们还需要建立一种灵活的工作流程，允许快速试错和产品迭代。通过这种方式，我们可以更快地响应市场变化，抓住创新机遇。

（三）持续进行自我反思

定期评估自己的创新实践，识别哪些做法有效，哪些需要改进。自我反思可以帮助我们更好地理解自己的创新过程，并做出相应的调整。为此，我们需要建立一种反馈机制，及时收集和分析创新过程中的数据和信息；同时，我们还需要培养一种自我批判的精神，即敢于质疑现有的做法，不断寻求改进的空间。

（四）保持耐心和长远视角

创新是一个长期的过程，需要时间和持续的努力。保持耐心，就是对创新的愿景和目标保持承诺，即使在面临挑战和挫折时也不放弃，这就要求我们展开长远的视角，不为短期的失败所动摇；同时，我们还需要培养一种坚韧的心态，在面对困难和挫折时，能够坚持下去，不断努力，通过持续地努力和不懈地追求，才能最终实现创新的目标，收获创新的成果。

创新不是一时的热情，而是一个永无止境的旅程。因此，我们要将创新融入日常工作的每一个细节中，不断激发自身的思维潜能，开启财富增长的新源泉。

4.6 学以致用：

把创新想法变成实际收益

创新思维是推动个人和企业财富增长的强大引擎，但如何将这些创新想法转化为实际的收益呢？以下将介绍一些具体而实用的步骤，希望能帮助你将创新想法从概念阶段引导至市场，最终实现商业成功。

一、明确创新想法的商业潜力

在任何创新想法的初期，最重要的是要评估其商业潜力，因此，你需要深入理解目标市场，还有潜在客户的需求、市场趋势及竞争对手的状况。这时，我们不妨问自己几个关键问题：我的想法是否解决了市场上的一个痛点？它是否提供了独特的价值主张？客户是否愿意为此付费？这些问题的答案将验证你的目标是否正确，以及是否值得进一步投资。

二、进行深入的市场调研

在投入大量时间和资源之前，需要进行深入的市场调研，这是至关重要的。你可以采用多种方式，包括但不限于调查问卷、一对一访谈、焦点小组讨论等。市场调研的目的是验证你的想法是否真正符合市场需求，是否存在足够的潜在客户群体，他们是否愿意接受你的产品或服务。这一步骤是创新过程中不可或缺的一环，它能够为你的创新想法提供市场的真实反馈，帮助你做出更加明智的决策。

三、制订详尽的商业计划

一个详尽的商业计划是将创新想法转化为实际收益的路线图。它应该包括市场分析、产品开发计划、营销策略、运营流程及财务预测。商业计划可以用来指导你的行动，也可以用来吸引投资者或合作伙伴，为你的创新想法提供必要的资金支持。在制订商业计划时，务必考虑到所有可能的风险和挑战，并制定相应的应对策略。

四、建立原型和进行市场测试

在将创新想法推向市场之前，你可以建立一个产品原型或可行性产品，用来测试产品的功能性，还要收集用户反馈，并据此进行必要的调整。这一阶段的目标是以较低的成本验证产品概念，确保产品能够满足市场的实际需求。通过原型测试，你可以在产品开发的早期阶段发现问题，并及时进行优化。

五、保护知识产权

如果你的创新想法具有独特性，就可以考虑申请专利或商标来保护你的创意。这样不仅可以防止他人复制你的想法，也可以为你的产品增加可信度和价值，从而在竞争激烈的市场中脱颖而出。在创新的过程中，要注意知识产权保护，因为它可以为你的创新成果提供法律上的保障。

六、确定清晰的收入模式

在你将产品推向市场之前，需要确定一个清晰的收入模式，比如直接销售、订阅服务、广告收入或联盟营销等。选择一个与你的产品特性和目标市场相匹配的收入模式，同时要考虑到客户的支付意愿和支付能力，以及市场的竞争状况。

七、实施有效的营销和推广策略

成功的产品需要有效的营销策略来支持,比如社交媒体营销、内容营销、公关活动或参加行业展会等。营销的目的是提高品牌知名度,建立品牌形象,并吸引潜在客户。当然,营销不仅仅是为了宣传,更重要的是建立与客户的关系,并理解和满足他们的需求,经过这样的努力,你能将创新想法转化为市场的认可和客户的忠诚。

八、建立高效的销售渠道

销售渠道是产品到达消费者手中的路径,比如在线商店、零售合作伙伴或直销团队等。因此,要选择适合你产品的销售渠道,并确保它们能够有效地触达目标客户;同时,还要考虑如何优化销售流程,提高转化率,从而增加收益。销售渠道的建立和管理决定了你的产品能否顺利进入市场,并被消费者接受。

九、持续迭代和改进产品

即使产品已经上市,创新的过程也没有结束,还需要根据客户反馈和市场变化,持续迭代和改进你的产品。这可以帮助你提高客户满意度,保持竞争优势。通过不断的产品优化,确保产品始终符合市场的需求,并领先于竞争对手。

十、探索扩大规模和增长的机会

一旦你的产品在市场上获得了初步成功,就要考虑扩大规模以实现更大幅度的增长,这时,可以选择扩大产能、拓展新市场或开发新的产品线等方式,同时联络合作伙伴,进行战略收购或多元化产品开发等,这些举措都可以帮助你实现业务的扩展和增长。

当你的创新想法成为实实在在的收益时，你就会深刻体会到，所有的努力都是值得的。届时，你将不仅是一个创新者，更是一个实践者，一个能将梦想变为现实的创造者。

4.7 创新实践：

把创新想法付诸实践，开启财富新源泉

在当下充满变数和机遇的时代，无论是企业还是个人，都有机会通过创新实践来开启新的财富源泉。财富的增长不再仅仅依赖传统意义上的积累方式，而是更多地倚仗创新带来的突破和变革。以下策略将帮助你通过创新想法探索新的财富渠道，实现财富的飞跃式增长。

一、敏锐捕捉市场变化和趋势

市场的每一个缺口都代表着一个未被满足的需求，这正是创新想法可以发挥作用的地方。通过进行深入的市场研究，包括分析行业报告、进行客户访谈和调查，你就可以发现这些缺口。例如，随着远程工作模式的兴起，家庭办公家具的需求激增，为家具制造商提供了新的财富增长点。再比如，一旦发现某个特定人群对于环保产品的需求量大，但市场上供应不足，你就可以通过创新一款环保产品来满足这一需求，从而开拓新的收入来源。

二、创新市场细分

市场细分是发现新财富来源的有效手段。通过识别并专注于特定的小众市场，你可以为这些市场提供更加精准和个性化的产品和服务。例如，针对

运动爱好者设计的运动恢复设备，为特定年龄段儿童开发的教育玩具，或者为宠物爱好者提供的定制化宠物食品，等等，这些都能够满足细分市场的独特需求，从而带来新的收益。

三、创新价值链

价值链创新涉及对整个产品或服务的生产和交付过程进行优化。通过优化供应链管理、采用新技术降低成本或开发新的销售渠道，可以提高效率并创造新的价值。例如，利用电子商务平台直接向消费者销售产品，可以减少中间环节、降低成本，同时增加与消费者的直接互动和数据收集；还可以通过直接与农户合作，让更新鲜、更便宜的有机食品进入销售环节，同时降低中间成本。

四、创新收入模式

在探索新的财富渠道时，创新的收入模式可以带来新的收益。例如，免费增值模式可以吸引大量用户使用基础服务，然后通过增值服务实现盈利；按需付费模式则允许用户根据实际需求支付费用，这种灵活性可以吸引更多消费者。通过不断实验和调整收入模式，就能找到最适合我们的盈利方式。

五、创新技术和数据驱动

技术的进步为创新提供了强大的工具。利用大数据和人工智能技术，你可以更准确地分析市场趋势和消费者购买行为，从而预测和满足未来的需求。例如，通过分析社交媒体上的讨论，企业可以发现新兴的市场趋势，并快速推出相应的产品或服务，从而抓住市场先机；或者，通过分析消费者购买行为，零售商可以更准确地预测到哪些产品会流行，从而提前备货，抓住市场机遇。此外，利用数据分析来优化库存管理和定价策略，可以显著提高企业的盈利能力和市场竞争力。

六、创新教育和培训服务

随着知识更新的不断加速，终身学习已成为一种趋势。提供与创新相关的教育和培训服务，不仅可以帮助我们提升技能，还可以创造新的收入来源。例如，开设在线课程教授创业技巧，或者提供专业技能的系统辅导，都是满足市场需求并实现收益的有效途径。

七、创新知识产权的多维利用

知识产权是创新的重要成果，也是潜在的财富来源。通过专利授权、版权交易或品牌合作，可以将你的创新想法转化为直接的经济收益。例如，如果你发明了一种新的技术解决方案，就可以通过授权其他公司使用该技术来获得版税收入。此外，将版权保护的内容用于图书出版、在线课程或演讲，这些都是额外的收入来源。品牌合作则可以扩大你的市场影响力，同时带来合作方的资源和渠道支持。

八、积极参与和建立创新社群

创新社群是思想交流和合作的沃土。通过加入或建立创新社群，你可以与其他创新者共享资源、交流经验，并共同探索新的商业机会。社群内的合作可以带来新的视角和创意，而竞争则可以激发创新的动力。例如，通过参加创新竞赛，可以展示你的创新想法，并吸引潜在的投资者或合作伙伴。此外，创新社群还可以提供导师指导、技术支持和资金机会，这些都是推动创新想法商业化的重要因素。

财富的增长需要创新思维和策略的结合，每一次创新实践，都是对传统边界的一次挑战，也是对财富潜力的一次深挖。我们将创新融入事业中，就能够在竞争激烈的市场中占据先机，同时开拓新的收入渠道。

第五天
Day 05

社交认知
—— 扩大你的人脉圈

5.1 人脉的力量：

社交网络如何帮你赚钱

社交网络不仅仅是一个用来与朋友家人保持联系的平台，更是一个充满商业机遇的巨大市场。在这个数字化的时代，信息的传播速度比以往任何时候都要快。随着信息的高速流通、商机的层出不穷，社交网络已成为个人职业发展和企业商业成功的重要推手。它不仅能够提供丰富的信息资源，还能帮助你建立信任、塑造个人品牌，甚至是开启跨界合作的大门。

一、信息的快速流通与价值发现

社交网络的信息流通速度极快，我们据此可以迅速洞悉行业动态、市场变化和新兴趋势。这种信息的快速流通对于把握商机来说至关重要。例如，通过与行业内的人士交流，你能在第一时间了解到某个新兴市场的崛起，从而提前布局、抓住商机。此外，社交网络中的信息交流还能够帮助我们发现潜在的商业价值和投资机会，为我们的财富增长提供方向。例如，一个行业内的成功案例或投资机会可能会在社交网络上得到广泛的讨论和分享，通过参与这些讨论，我们可以获得宝贵的信息和启示，进而指导我们的投资决策和财富增长战略。

二、资源的互补与共享

在社交网络中,每个人都拥有不同的资源和优势。通过建立良好的人际关系,你可以与他人进行资源的互补和共享,从而实现共赢。例如,你是一位技术专家,而你的社交网络中有一位市场营销的高手,你们就可以合作开发项目,利用各自的专长共同创造价值。这种合作能够提高项目的成功率,扩大你的业务范围,增加你的收入来源。此外,当不同领域的专家汇聚在一起时,他们带来的不仅是资源,还有各自的思维方式和工作方法。这种跨界融合往往会激发出新的创意和想法,是实现合作共赢、创造更大价值的关键所在。

三、客户关系管理

社交网络提供了一个便捷的渠道,让你能够与客户进行实时互动,了解客户需求,回应客户反馈,建立良好的客户关系。通过社交网络的客户关系管理,可以提高客户忠诚度,促进重复消费,带来长期稳定的收入来源。例如,通过社交网络平台,在线零售商可以定期与顾客进行互动,回应他们的疑问和反馈,提供个性化的购物建议,从而建立起更加紧密的客户关系,促进顾客的重复购买行为。

四、个人品牌的塑造

社交网络是塑造和传播个人品牌的有效平台。通过分享你的专业知识、经验和见解,就可以建立起专业、可靠的形象。强大的个人品牌不仅能提高你在行业内的知名度,还能让你获得更多的商业机会,吸引更多的合作伙伴。例如,一位知名的行业分析师通过社交网络分享自己的市场洞察,会很大程度上吸引投资者的关注,从而获得更多的咨询机会和演讲机会。

五、跨界合作的机会

社交网络提供了跨界合作的机会。通过与不同领域的人士建立联系，你可以探索新的业务模式和创新思路。这种跨界合作会带来意想不到的创新成果，开辟新的收入渠道。例如，一位艺术家与一位技术开发者合作，可能会创造出艺术与科技相结合的新产品，吸引市场的注意。

六、社会资本的积累

社交网络中的互动和合作是社会资本的积累过程。社会资本包括信任、规范和网络，它能够促进个体之间的合作，提高合作的效率。通过社交网络，你可以积累丰富的社会资本，这些资本在适当的时机可以转化为经济资本，为你的财富增长提供支持。例如，通过在社交网络上积极参与行业论坛和专业群组，你能够建立广泛的社会网络，这些社会网络可以为你未来的职业发展提供支持和机会。

七、风险的分散与共担

在社交网络中，你可以通过与他人的合作来分散和共担风险。例如，在开展一项新的商业项目时，你可以与社交网络中的合作伙伴共同投资，这样不仅可以分散财务风险，还可以集合多方的智慧和资源，而且有助于共担责任，提高项目成功的可能性。这样不仅可以减轻财务压力，还能够整合多方资源和经验，提升项目的可持续发展能力。

八、市场机会的把握

社交网络可以帮助你把握市场机会。通过与他人交流，你可以及时了解到市场上的需求变化和消费者偏好，从而调整你的产品或服务，满足市场需求。这种对市场机会的敏感把握，可以助推财富的增长。

九、职业发展的助力

社交网络可以为你的职业发展提供助力。通过与行业内的专家和领导者建立联系,你可以获得宝贵的职业建议和指导。此外,社交网络还可以为你提供更多的职业机会,如新的工作和晋升机会等,这些都有助于你的职业发展和财富增长。

社交网络的力量就在于它的连接性,能够将个体的力量汇聚成强大的集体动力,推动每个人向财富增长的目标迈进。在社交网络的世界里,财富的增长和职业发展并不是一蹴而就的,而是一个需要不断地积累人脉、建立信任、分享价值和把握机会的过程。通过充分利用社交网络提供的便利和机会,我们可以实现财富增长和职业发展,实现自身的价值和目标。

5.2 提升影响力：
通过社交认知提升你的个人魅力

在社交网络中，个人魅力和影响力的提升往往与社交认知的深化密切相关。社交认知涉及对社交环境的理解、对他人行为的洞察，以及在社交互动中的自我定位。以下介绍的一些策略，可以帮助你通过提高社交认知来增强自己在社交圈中的魅力和影响力。

一、认知自我价值

了解自己的优势和特长，明确自己在社交网络中能提供的独特价值，以此增强你的自信心，让你在社交互动中更加灵活自如。自我认知还包括对自己的情感和行为模式的理解，这有助于在社交场合做出更恰当的反应。例如，自己擅长演讲，那么你就可以在社交活动中主动分享见解，展现你的专业能力。

二、洞察社交动态

提高对社交环境的敏感度，洞察群体中的权力结构、联盟和非正式的社交规则。这种洞察力可以帮助你更好地定位自己在社交网络中的角色，以及如何有效地影响他人。例如，识别社交圈中的意见领袖，并与他们建立良好关系，这样能快速提升你的社交地位。同时，注意观察他人的行为模式，从中学习有效的社交策略。

三、情商的培养

情商，即情绪智力，是指个人识别、理解并管理自己和他人情绪的能力。高情商的人能够更好地与他人建立联系，因为他们能够感知并响应他人的情绪需求。提升情商可以通过练习倾听、增强同理心和学习情绪管理技巧来实现。例如，在对话中，注意对方的情绪变化，适时给予正面的反馈和支持。

四、社交策略的运用

制定明确的社交策略，确定你想要通过社交达到的目标，如建立特定的联系、获取信息或资源，或是提升个人品牌。有策略地参与社交活动，可以提高社交效率和影响力。例如，选择参加与你的专业或兴趣相关的社交活动，可以更容易地与他人商讨共同话题。同时，明确自己在每次社交活动中的角色和目标，可以避免无效的社交。

五、培养情境适应性

根据不同的社交情境调整你的行为和沟通方式。这种适应性显示了你的社交智慧，会让你赢得大家的认可和尊敬，并在不同的社交场合中都能够实现有效沟通。例如，在正式的商务会议中，你需要表现得更为专业和严肃；而在轻松的社交聚会中，则可以展现更多的个性和幽默感。所以，要学会"阅读"不同的社交场合，并相应地调整自己的行为。

六、影响力语言的掌握

掌握增强说服力的语言技巧，如使用故事讲述、情感诉求或逻辑论证。这些技巧可以提高你的言辞影响力，使他人更容易接受你的观点。例如，通过讲述个人经历来建立信任，或使用数据和事实来支持你的论点。此外，清晰的表达和有力的语气也可以增强你的说服力。

七、建立信任关系

通过一贯的行为、诚实的沟通和履行承诺，可以建立起他人对你的信任，这有助于提升你的社交魅力。例如，当你承诺帮助他人时，一定要兑现承诺，确保按时完成，这将增强他人对你的信赖。同时，信任的建立也需要时间和耐心，通过持续的小行动来证明自己的可靠性。

八、领导力的展现

在适当的时机展现领导力，如引导讨论、提出解决方案或协调团队工作，以此增强你在群体中的影响力。例如，当团队面临决策时，你可以主动提出自己的看法，并鼓励团队成员共同讨论，这不仅展现了你的领导力，也促进了团队合作。同时，领导力也体现在对他人的尊重和倾听，以及在必要时做出果断决策的能力。

九、社会责任感的体现

展现对社会问题的关注和责任感，可以提升你的社会形象，并吸引志同道合的人。例如，参与公益活动或在社交媒体上分享对社会有益的内容，可以展现你的社会责任感。同时，通过实际行动支持社会事业，可以增强你的社会影响力。

十、掌握社交礼仪

良好的社交礼仪是个人魅力的加分项。无论是在正式的商务场合还是日常的社交活动中，得体的礼仪可以展现出你的修养和教养，给人留下良好的印象。例如，学会适当地问候、感谢和道歉，以及在餐桌上的礼仪，都是展现你社交素养的重要方面。

　　社交是一个双向的过程，需要不断地给予和接受，才能建立起真正有价值的社交关系。社交认知的提升也需要实践和经验的积累，通过不断地参与社交活动，反思和调整自己的社交策略，就可以逐渐提升自己的社交能力。

5.3 网络效应：
利用社交网络的倍增效应

在商业领域，"网络效应"是一个经常被提及的术语，它描述了这样一个现象：一个产品或服务的价值会随着使用这个产品或服务的人数增加而增加。这意味着，当你在社交网络中的联系人数量增加时，你能够接触到的信息、资源和机会也会随之增加。然而，并非所有的社交都是有效的，我们要有所选择，对人脉进行筛选，以便我们能够利用社交网络达到财富倍增的目的。

一、人脉质量优于数量

在社交网络中，人脉的质量和深度往往比数量更为重要。高质量的人脉可以为你的事业带来实质性的帮助，而这种帮助是众多低质量联系所无法比拟的。

（一）选择性建立联系

选择性地建立联系意味着你应该专注于那些能够为你的事业带来实质性帮助的人脉，比如行业内的领导者、潜在的商业伙伴或有影响力的人物。这些联系通常拥有丰富的资源、深厚的行业经验和广泛的社会影响力，能够为你提供宝贵的指导和支持。

与行业内的领导者建立联系，可以让你接触到最新的市场信息，了解市场最新的趋势，这些信息对于制定商业战略和投资决策来说至关重要。例如，一位行业领袖可能会向你推荐高回报的投资机会，或者提供关键的业务引荐。

与潜在的商业伙伴建立联系，可以为你的业务发展提供新的机遇。通过与这些伙伴的合作，你可以进入新的市场，扩大业务范围，增加收入来源。

（二）深化现有联系

深化与现有联系人的关系，可以提升人脉的质量。通过提供帮助、分享有价值的信息或资源，你可以与这些联系人建立更深层次的合作和信任。

信任是商业合作的基础。通过深化联系，你可以建立起强大的信任网络，这将为你带来更多的合作和商业交易的机会。例如，一个信任你的合作伙伴可能会在他们的业务中优先考虑你的产品或服务。

深化联系还可以带来资源共享的机会。你的人脉可能会与你分享他们的客户列表、供应商或技术资源，这些资源可以降低你的运营成本、提高效率。

（三）维护联系

要维护好人脉关系，定期与你的联系人沟通，即使是简单的问候或更新也能保持联系的活跃度。

持续的互动可以帮助你在需要时迅速激活这些资源。例如，定期发送行业新闻或有趣的文章可以作为保持联系的一种方式。

个性化的沟通可以加深你与联系人的关系。记住他们的生日、重要事件或个人兴趣，并在适当的时候表达关心，可以展现你的诚意和关怀。

二、发展社交网络的深度和广度

发展社交网络的深度和广度对于我们利用网络效应来说至关重要。深度联系可以带来信任和合作，而广度扩展则可以带来新的机遇和视角。

（一）深度联系的建立

深度联系通常涉及共同的价值观、信任和相互理解。这种联系可以通过共同参与项目、深入讨论行业问题或在对方需要时提供帮助来建立。

与拥有共同价值观的人建立联系，可以带来更深层次的合作。例如，如果你和合作伙伴都重视可持续发展，你们就可以合作开发环保产品，从而带来商业利益，提升品牌形象。

在对方需要时提供帮助，可以加深信任。这种信任是长期合作的基础，也是财富增长的关键。例如，当你的合作伙伴遇到业务挑战时，你的支持可能会帮助他们获得成功。

（二）广度扩展的策略

广度扩展意味着你的社交网络覆盖了多个领域和层级。比如，参与行业会议、专业群组和社交活动，可以帮助你遇见不同背景的人，并建立起广泛的联系。

与不同背景和领域的人建立联系，可以为你带来多元化的视角和创意。这些新的想法和视角可以激发你的创新思维，帮助你开发新的产品或服务。

广泛的社交网络可以帮助你发现新的机遇。例如，在参加一个行业会议时，你可能会遇见一个正在寻找合作伙伴的初创企业，这个机会可能会为你带来新的业务增长点。

（三）利用弱联系的力量

弱联系，即那些你不经常互动的联系人。不要忽视这个群体，他们往往能够将你引入全新的社交圈子，成为连接你与潜在客户或合作伙伴的桥梁。

弱联系还可以带来跨界合作的机会。通过与不同行业的人士建立联系，你可以探索新的业务模式和创新思路，这些合作会带来意想不到的创新成果和收入来源。

社交网络的真正价值在于它所提供的连接和机会，帮助我们利用这些连接和机会来创造和增加财富。因此，我们需要精心策划和有意识地优化自己的社交网络，结合个人努力和网络效应的强大动力，为财富的成倍增长奠定坚实的基础。

5.4 团队协作：

合作共赢，一起赚大钱

要想在当今这个竞争日益激烈的社会生存下去，单打独斗显然已经不适合了，只有依靠团队的力量才能提升个人或企业的综合竞争力。如此，团队协作就成为推动个人和集体财富增长的重要途径。无论是大型企业还是初创公司，抑或个人创业者，都深刻体会到了团队协作在财富创造中的不可或缺性。那么，团队协作究竟是如何助力我们实现财富增长的呢？接下来，我们将深入探讨团队合作在财富创造中的作用，以及它创造财富的主要形式。

一、团队协作在财富创造中的作用

（一）汇聚多元智慧

团队成员来自不同的专业领域，有着不同的背景，他们各自拥有独特的思考方式和专业技能。通过团队协作，这些不同的智慧得以汇聚，形成互补效应，从而更加全面、深入地分析和解决问题。这种多元化的智慧碰撞，往往能够激发出创新的火花，为团队带来意想不到的商机和财富增长点。

（二）分担风险与压力

在创业和财富创造的过程中，风险与压力是不可避免的。然而，通过团队协作，我们可以将风险与压力分散到每个成员身上，减轻个人的负担。同时，团队成员之间的相互支持和鼓励，也能增强我们面对挑战的勇气和信心。

这种分担风险与压力的能力，使团队协作在财富创造中发挥了重要作用。

（三）提升执行力

一个优秀的团队往往具有高效的执行力。团队成员之间分工明确、紧密协作，能够迅速而准确地完成每个任务。这种高效的执行力能够确保项目顺利进行，并且帮助团队在关键时刻抓住商机，实现财富的快速增长。

（四）增强凝聚力

团队协作能够增强团队成员之间的凝聚力。因为有了共同的目标和愿景，团队成员会产生一种强烈的归属感和使命感，进而形成一股凝聚力，充分激发团队成员的积极性和创造力，推动团队不断向前发展，实现财富的持续增长。

二、团队合作创造财富的形式

（一）共同创业

团队成员共同出资、共同经营、共担风险、共享收益，形成一种典型的团队合作创造财富的形式。通过共同创业，团队成员可以充分发挥各自的优势，共同开拓市场、研发产品、提供服务，实现财富的快速增长。同时，共同创业还能加深团队成员之间的信任和了解，形成更加紧密的合作关系。

（二）项目合作

在项目合作中，团队成员始终围绕一个共同的目标，通过分工协作、资源共享等方式，共同完成项目任务。项目合作能够提升团队的执行力和协作能力，并且为团队成员带来丰厚的收益。例如，在一个科技项目中，研发人员负责技术创新、产品设计；市场营销人员负责品牌推广、市场拓展；财务人员负责资金管理、风险控制等。通过团队协作，项目得以顺利完成并取得良好效果，就会为团队成员带来丰厚的回报。

（三）资源共享

在团队协作中，资源共享是一种常见的创造财富的形式。团队成员之间可以共享信息、技术、人脉等资源，从而实现资源的优化配置和高效利用。

这种资源共享不仅能够降低团队成本、提升竞争力，还能为团队成员带来额外的商业机会和收益。例如，在一个商业项目中，团队成员可以通过共享行业资讯、客户信息等资源，发现新的商机并共同开发；同时也可以通过共享技术资源，提升项目的技术含量和附加值。

（四）知识共享

知识是财富的重要源泉之一。在团队协作中，知识共享能够帮助团队成员不断提升自身能力和素质，进而为团队创造更多的价值。通过知识共享，团队成员可以相互学习、借鉴和启发，形成知识互补和知识创新。这种知识共享能够提升团队的整体素质和能力水平，为团队成员带来更多的职业机会和财富增长点。

（五）投资合作

投资合作是指团队成员共同投资某个项目或企业，共同分享风险和收益。在投资合作中，团队成员需要共同评估项目的风险和收益潜力，制定投资策略和退出计划。通过投资合作，团队成员可以实现资本的增值和财富的累积。

（六）激励共进

绩效激励可以激发团体成员的工作积极性和创造力，建立合理的激励机制，可以调动团队成员的积极性和创造力。激励机制可以包括绩效奖金、股权激励、职业发展机会等，通过奖励优秀表现和贡献，激发团队成员的工作热情和动力，从而提升团队整体业绩和财富创造能力。

在团队合作中，我们要珍视每个成员的付出，经过大家的共同努力，团队就会形成一种巨大的合力，我们同样要珍视这种合力。作为团队成员，积极参与合作，并不断提升自身的团队协作能力，就能实现个人和集体的财富增长。

5.5 社交管理财富：
利用你的人际关系来管理财富

在当今时代，人际关系不再仅仅是情感的交流纽带，更是财富管理与增长的重要资源。这就提示我们，在谈论如何管理财富时，不能忽视人际关系在其中所扮演的重要角色。一个强大且多元化的人脉网络不仅能为我们提供珍贵的资源，更能在关键时刻成为我们坚实的后盾。为了更好地管理我们的财富，就需要有意识地与各种类型的人沟通，建立并维护好彼此之间的联系。

一、财务专家：专业的财富规划师

财务专家，如注册会计师、金融分析师等，他们在财务管理领域拥有深厚的专业知识和丰富的实践经验。与这些专家建立联系，就意味着我们获得了一个专业的财富规划团队。他们可以根据我们当前的情况和目标，提供量身定制的财富规划方案，包括风险评估、资产配置、税务筹划等方面的专业指导。与财务专家建立联系的方式有很多，如参加财务讲座、加入财务俱乐部、寻求专业机构的服务等。

二、商业伙伴：合作与共赢的桥梁

商业伙伴，特别是那些与我们业务紧密相关的合作伙伴，能够为我们提供商机和资源，在业务发展中为我们提供宝贵的支持和帮助。与商业伙伴建立紧密的合作关系，可以帮助我们拓展业务渠道、降低经营风险，并实现资源共享。为了与商业伙伴建立联系，我们可以积极参加行业活动、加入商业组织、寻求共同合作的机会等。

三、行业精英：知识与经验的源泉

行业精英是某一领域的佼佼者，他们拥有丰富的行业经验和深刻的市场洞察力。与他们建立联系，我们可以从他们身上学到很多宝贵的知识和经验，了解行业动态和市场趋势。行业精英还能为我们提供宝贵的建议和意见，帮助我们避免走弯路。为此，我们就要多关注行业内的知名人士、参加行业内的交流活动、寻求他们的指导和帮助等。

四、法律顾问：法律风险的守护者

在财富管理过程中，会遭遇法律风险，这是不可避免的问题。法律顾问，如律师或法务专员，他们具备专业的法律知识和丰富的实践经验，能够为我们提供法律咨询和风险防范建议。他们可以帮助我们审查合同、处理法律纠纷，确保我们的财富安全。为了与法律顾问建立联系，我们可以寻找专业的律师事务所、加入法律组织、寻求他们的专业服务等。

五、人脉中介：拓展人脉的桥梁

人脉中介，如猎头、社交活动组织者等，他们擅长拓展和维护人际关系。他们通常拥有广泛的人脉资源，可以为我们提供相关的信息，帮助我们拓展人脉圈。通过与人脉中介建立联系，可以方便我们接触到更多领域的人士，为财富管理提供更多的可能性。为了与人脉中介建立联系，我们可以多参加相关的社交活动、加入社交组织、与他们建立良好的合作关系等。

六、投资者和投资者关系专家

投资者和投资者关系专家应当引起我们的关注，在我们寻求资金或希望与其他投资者建立联系时，他们会为我们提供帮助。他们可能是天使投资人、风险投资家、私募股权投资者或机构投资者。与这些人建立联系，我们可以获得资金支持和投资建议，同时也能充分了解市场动态和投资者偏好，从而更好地调整我们的战略和计划。为了与投资者和投资者关系专家建立联系，我们可以参加投资论坛、加入投资者组织、积极展示我们的项目或计划等。

七、教育家和导师

教育家和导师的作用很重要，在我们个人成长和职业发展中，他们会提供有益的帮助。他们可能是我们的老师、导师或职业顾问。通过与他们建立联系，我们可以获得关于个人发展、职业规划、领导力提升等方面的建议和指导。这些知识和技能有助于我们在职业生涯中取得成功，并帮助我们更好地管理财富和把握投资机会。我们可以通过参加培训课程、加入学习组织，与他们建立联系，寻求他们的指导和帮助。

总之，要想更好地管理财富，我们就要与不同类型的人建立联系。为此，我们就要积极主动地拓展人脉，参加各种活动和组织，与各类人士建立良好的关系。同时，我们还要不断提升自己的社交能力和沟通能力，以便更好地利用人际关系来管理自己的财富。

5.6 提升社交技能:

学会更好地与人交往

在人际交往中,我们都渴望与他人建立深厚的联系,然而,这并非易事。要想提升社交技能,让自己在社交活动中收放自如,还需要我们不断学习和实践。那么,如何才能提升社交技能,让我们在人际交往中更加从容不迫呢?

一、倾听的艺术

倾听是社交技能的核心,真正的倾听不仅仅是耳朵在听,更是心灵的交流。当我们倾听他人时,首先要确保目光与对方保持接触,让对方感受到我们的关注,并且让我们更好地理解对方的话语。同时,我们要保持身体语言的开放性,比如微微前倾,以示对对方话题的兴趣。在倾听的过程中,避免打断对方的发言,给予对方充分的表达空间。此外,我们还可以通过点头、微笑等方式来回应对方,让对方感受到我们的专注和尊重。

二、表达的能力

有效表达是社交技能的另一重要环节。在与人交往时,我们要学会用清晰、准确的语言来表达自己的观点和感受。同时,我们要注意根据对方的兴趣和需要来调整自己的表达方式，使沟通更加顺畅。比如，如果对方对某个话题感兴趣，我们可以适当展开讲述，以吸引对方的注意力。此外，我们还要学会观察对方的反应，以检验自己的表达是否得当。如果发现对方有困惑或不解之处，我们可以及时进行解释或补充，以消除误解。

三、建立共鸣

在社交活动中，我们要通过建立共鸣来增强人际互动。也就是说，在与人交往中，我们要善于寻找彼此共同关注的话题，通过分享相似的经历、兴趣或观点来拉近彼此的距离。同时，我们还要学会尊重对方的差异，以包容的心态去接纳不同的观点和生活方式。这样，我们才能在保持个性的同时，建立起更加和谐的人际关系。在建立共鸣的过程中，我们还可以适当运用幽默感，以缓解紧张的气氛，使交往更加愉快。

四、展现自信与积极态度

自信是社交成功的强大助力。当我们展现出自信与积极的态度时，就会产生一种磁场效应，人们就会更容易被我们吸引。为了提升自信，我们可以从小事做起，如练习自我肯定的语言，关注自己的成就和优点，以及保持健康的生活方式。同时，我们还要学会积极面对挑战和困难，以展现我们的勇气和决心。在与人交往时，一些细节也要引起我们的重视，比如保持微笑和友好的态度，这能让对方感受到我们的热情和真诚。

五、培养幽默感

幽默感是人际交往中的润滑剂，它可以缓解紧张的气氛，使交往更加愉快。为了培养幽默感，我们可以观察幽默的人或事物，学习他们的语言和行为方式。同时，我们还要敢于尝试在适当的场合使用幽默来增进与他人的关系。但需要注意的是，幽默要适度，避免过于夸张，更不要冒犯他人。

六、尊重他人

尊重是建立良好人际关系的基础。在与他人交往时，我们要尊重对方的观点、信仰和生活方式。即使我们不同意对方的看法，也要以平和的语气表达自己的观点，避免争吵和冲突。同时，我们还要学会倾听对方的意见和建议，以增进相互理解和信任。

七、学会赞美他人

赞美是一种积极的反馈，它能够增强对方的自信，感受到被尊重。在与人交往时，我们要善于发现对方的优点和成就，并适时地表达赞美。但需要注意的是，赞美要真诚、具体，避免过于笼统或虚假的恭维。通过真诚的赞美，我们可以让对方感受到我们的认可和尊重，从而增进彼此的关系。

八、学会非言语沟通

非言语沟通在人际交往中同样重要。它包括面部表情、肢体语言和声音等。通过观察对方的非言语信息，我们可以了解到对方的情绪和态度。同时，我们还可以通过自己的非言语信息来传达自己的意图和情感。比如，微笑可以传达友好和善意；点头可以表示同意和赞赏；目光接触可以建立信任和亲密感。

九、保持耐心和同理心

在与人交往时，我们要保持耐心和同理心。即使对方的行为或言语让我们不满或困惑，我们也要尽量保持冷静和理智，以同理心的态度去理解对方。通过设身处地地考虑对方的感受和需求，我们可以更好地理解对方的立场和观点，从而找到解决问题的途径。同时，我们还要学会宽容和包容，以建立更加和谐的人际关系。

十、处理冲突

在人际交往中，有时也会发生冲突，这是难以避免的。如何处理冲突就体现出了一个人的社交智慧。面对冲突，我们要保持冷静和理智，避免情绪化的言行。同时，我们还要学会换位思考，站在对方的角度去理解问题，从而找到双方都能接受的解决方案。在处理冲突的过程中，我们还可以借助第三方的力量来调解矛盾，以维护人际关系的稳定。通过妥善处理，就能增进相互理解和信任，弥合裂痕，使人际关系更加和谐融洽。

社交技能的提升，实际上也是一个财富积累的旅程。每一次真诚的交流，每一次有效的沟通，都可能带来意想不到的财富机遇。因此，我们要珍视每一次与人交往的机会，不断提升自己的社交技能，让财富的积累在每一次真诚的交流中悄然发生。

5.7 维护人脉：
保持社交网络的活力，让财富源源不断

人脉网络常常被视为通往成功的一扇门，然而，真正的挑战不在于如何打开这扇门，而在于如何维护它，确保它始终敞开，为我们的财富增长和职业发展提供持续的通道。

一、定期互动，保持联系

要维护人脉的活力，首先需要保持定期的互动和联系。这并不是说我们每天都要与所有人保持联系，但至少要定期与重要的人脉成员进行交流。你可以通过发送节日问候、生日祝福、分享有价值的信息或邀请他们参加相关活动等方式，保持与他们的联系。

（一）制订联系计划

根据人脉成员的重要性和联系的频率，制订一个联系计划，确保不错过与关键人脉的互动。

（二）个性化沟通

在与人脉成员进行沟通时，尽量做到个性化，比如提及你们上次交谈的内容，或他们最近的工作动态。

（三）利用社交媒体

通过微博、微信、QQ空间等社交媒体平台，关注人脉成员的动态，及时点赞或评论，增加互动。

（四）创造交流机会

可以定期组织或参与行业聚会、研讨会等活动，创造与人脉成员面对面交流的机会。

（五）保持适度联系

避免过度沟通，给人脉成员留出足够的个人空间，以免造成骚扰。

二、提供价值，互惠互利

提供价值是维护人脉的重要手段，你可以通过分享自己的专业知识、经验或资源，帮助他人解决问题或实现目标。这种互惠互利的关系不仅能增强你在社交圈中的影响力，还能让你在需要时得到他人的支持和帮助。

（一）分享专业知识

你可以定期撰写或分享与你的专业领域相关的文章、报告或见解。

（二）提供资源

如果你有相关的资源或信息，如行业报告、市场分析等，可以主动分享给他人。

（三）解决问题

如果你发现他人面临问题或挑战，可以主动提供帮助或解决方案。

（四）建立合作

你可以寻找与他人合作的机会，共同开发项目或产品。

（五）提供反馈

你可以为他人的工作或项目提供反馈和建议，帮助他们改进和优化。

三、跟进机会，深化合作

当发现潜在的商业机会或合作可能性时，要及时跟进并深化合作。你可以通过电话或邮件与对方进一步沟通，探讨具体的合作方案和实施计划。在合作过程中，要保持开放的心态和积极的态度，共同面对挑战并寻求解决方案。同时，要记得在合作结束后及时总结和反馈，以便更好地优化未来的合作。

（一）明确目标

在合作开始前，明确双方的目标和期望，确保大家对合作拥有共同的理解。

（二）制订计划

制订详细的合作计划，包括时间表、责任分配、资源分配等。

（三）定期沟通

定期与合作伙伴沟通，了解合作进展，解决遇到的问题。

（四）庆祝成功

在合作取得成果时，与合作伙伴一起互祝合作的成功。

四、适应变化，更新人脉

社交网络和人际关系是不断变化的。随着时间的推移和事业的发展，更新或扩展你的人脉圈，也成了必然的趋势。这时，要保持敏锐的洞察力和适应性，及时发现并抓住新的机会和资源。这样，你的人脉网络才能不断焕发新的生机和活力，为你的财富增长提供源源不断的动力。

（一）持续学习

通过阅读、参加培训或研讨会等方式，不断学习新知识和技能。

（二）拓宽视野

尝试接触不同行业、文化和背景的人，拓宽自己的视野和人脉。

（三）建立新的联系

通过参加行业会议、社交活动或网络平台，建立新的人脉联系。

（四）维护旧的联系

即使在拓展新人脉的同时，也不要忽视与旧人脉成员的联系和维护。

五、管理人脉，优化资源

在社交网络中，管理人脉是一项重要的任务。你可以通过建立人脉数据库或使用专业的社交管理工具，对联系人的信息进行整理和分类。这样能够更清晰地了解自己的人脉资源分布情况，并且更有针对性地进行维护和拓展。同时，还要及时更新和维护你的联系人信息，确保数据的准确性和完整性。

（一）使用工具

利用专业的社交管理工具，如钉钉、企业微信等，来管理你的人脉。

（二）定期更新

定期更新你的人脉信息，包括联系方式、职位变动、兴趣爱好等。

（三）分类管理

根据行业、职位、兴趣等维度，对你的人脉进行分类管理。

（四）设置提醒

设置提醒功能，定期与重要的人脉成员进行联系和互动。

（五）分析数据

分析你的人脉数据，了解你的人脉网络的特点和优势。

维护人脉并保持社交网络的活力是一个系统性工程，需要我们持续地投入关注和努力。精心维护人脉网络，能够助力我们事业的成功，在财富增长的道路上为我们提供源源不断的动力和支持，其价值远远超出了简单的交易和合作，是我们实现个人目标的重要桥梁。

第六天
Day 06

情绪认知
——投资不慌乱

6.1 情绪与投资：
情绪怎么影响你的投资决策

在投资的过程中，情绪往往扮演着一个不可忽略的角色。它如同一个隐形的指挥家，悄悄地影响着我们的投资决策，这种影响，有时甚至是决定性的。然而，这种影响往往被我们忽视，因为我们总是自诩为理性的投资者，坚信自己能够摆脱情绪的干扰，做出最正确的选择。然而，事实真的如此吗？

我们需要明确的是，情绪是人类天生的一部分，无论是喜悦、愤怒、恐惧还是悲伤，随时随地都在影响着我们的日常生活。同样，在投资的过程中，情绪也在悄然影响着我们的决策。

那么，情绪是如何影响我们的投资决策的呢？

一、情绪影响我们的风险感知

在投资的舞台上，风险如同一位不见面的对手，始终伴随着我们。而情绪，就像是我们的情感滤镜，它会影响我们对风险的判断和感知。当我们处于乐观的情绪状态时，就像被阳光笼罩，一切都显得那么美好。我们对风险的感知变得模糊了，甚至将高风险视为通往高收益的捷径。在这种情绪的驱使下，我们可能会盲目地追求高收益，而忽视了潜在的风险。然而，当情绪转为悲观时，我们会感到自身的处境就像是被乌云笼罩，一切都显得那么黯淡。我们对风险的觉察变得敏锐，即使是低风险也可能让我们感到焦虑不安。在这种情绪的驱使下，我们可能会错过那些真正值得投资的机会。

二、情绪影响我们的投资偏好

对于投资，每个人都有不同的偏好。而情绪，就像是一个调色师，它会在我们的偏好列表中添加色彩，改变我们的投资偏好。当我们处于积极的情绪状态时，我们会对未来充满信心，更加倾向于投资那些具有成长潜力的新兴行业或公司，乐于相信这些行业或公司能够带来丰厚的回报，从而毫不犹豫地加码下注。然而，当情绪转为消极时，我们便会变得保守和谨慎，更加倾向于投资那些传统的、稳定的行业或公司。我们渴望获得一定的安全感，从而选择那些风险较低、收益稳定的投资项目。

三、情绪影响我们的决策

在投资决策的过程中，我们需要冷静地分析市场、评估风险、制定策略。然而，情绪却常常打乱我们的节奏，让我们无法做出明智的决策。当我们处于紧张或焦虑的情绪状态时，我们的大脑会变得混乱和迟钝。我们无法清晰地思考和分析问题，只能被情绪驱使，做出冲动的、非理性的投资决策。这种情绪化的决策往往会导致我们陷入困境，甚至损失惨重。相反，当我们处于平静和理性的情绪状态时，我们的大脑会变得清晰和敏捷。我们能够冷静地分析问题、评估风险、制定策略，并做出明智的投资决策。

在2013年，贵州茅台遭遇了前所未有的挑战。塑化剂事件的爆发和国家推出的"八项规定"政策，对整个白酒行业造成了巨大的冲击。市场情绪迅速恶化，投资者对白酒行业的前景感到悲观，导致贵州茅台的股价出现了高达55%的下跌，市值接近腰斩。

然而，在这场危机中，有一群投资者却展现出了与众不同的冷静和理性。他们不被市场的恐慌情绪左右，而是通过深入分析贵州茅台的基本面，坚信公司的内在价值并未因短期事件而受损。他们看到的是茅台品牌的强大影响力、独特的生产工艺及稳定的消费者基础。在这些投资者看来，正是市场的恐慌为他们提供了一个绝佳的买入机会，他们可以用更低的价格持有一家长期前景光明的企业。

  与此同时，市场上的大多数投资者却陷入了恐慌情绪而不可自拔。面对股价的暴跌和行业的不确定性，他们选择了踩踏式抛售，希望能够及时止损。这种短期的、情绪化的决策，就使他们错失了在低点买入优质资产的机会。

  这一案例生动地展示了情绪在投资决策中的影响力。那些能够控制情绪、对市场进行理性分析的投资者，最终在贵州茅台的投资上获得了丰厚的回报；而那些被恐慌情绪主导的投资者，则可能在市场的低点割肉，遭受不必要的损失。

  沃伦·巴菲特曾有一句格言："别人贪婪时我恐惧，别人恐惧时我贪婪。"培养对个人情绪的掌控力和维持清晰的逻辑思维是一个很重要的技能，我们若能深刻洞察并妥善管理自己的情感波动，便能规避掉入因情绪波动导致的非理性决策陷阱，从而在市场的波动中捕捉到真正的投资良机，进一步促进资产的增值。

6.2 情绪智力：
提高情绪智力，做出更冷静的选择

在投资中，每一步决策都伴随着风险的挑战和未知的诱惑。而在这个过程中，情绪智力，即我们处理和管理情绪的能力，往往能成为决定成败的关键。情绪智力，又称为情感智商（Emotional Quotient，EQ），它涉及我们如何感知自己的情绪，以及如何理解、调控和运用这些情绪来做出更为冷静和明智的投资决策。

一、识别情绪：洞察内心，感知波动

要提高情绪智力，首先必须学会准确地感知自己的情绪变化。在投资过程中，我们可能会经历多种情绪，如贪婪、恐惧、兴奋和沮丧等。为了更好地洞察这些情绪的波动，我们可以采用以下具体方法：

（一）情绪日记

在投资决策前后，记录自己的情绪状态。例如，在做出投资决策之前，先写下自己当前的情绪，并思考这种情绪是否会影响投资决策。在做出投资决策之后，再次记录自己的情绪反应，并与之前的预测进行对比，从而不断提高对情绪波动的感知能力。

（二）情绪评分系统

为了更直观地了解情绪的变化，可以为自己设定一个情绪评分系统。例

如，从 1 到 10 为情绪强度打分，1 表示毫无感觉，10 表示极度强烈。在投资决策前后，根据自己的情绪状态进行打分，从而更准确地把握情绪的变化。

（三）情绪触发点识别

关注导致情绪波动的触发点。这些触发点可能是市场的某个走势、某个新闻事件或者个人的某种心理预期。通过识别这些触发点，我们可以更好地预测和管理自己的情绪。

二、理解情绪：探寻根源，把握逻辑

识别了情绪之后，我们还要进一步理解这些情绪背后的原因和逻辑。为了深入理解情绪，我们可以采用以下具体方法：

（一）反思自问

当产生某种情绪时，要反躬自问：为什么会产生这种情绪？是市场的波动触发了我的贪婪或恐惧，还是我内心的某种需求或动机在产生影响？通过不断地反思和自问，我们可以逐渐揭示出情绪的真相。

（二）情绪逻辑分析

分析情绪背后的逻辑是否符合我们的投资理念和策略。如果情绪反应与我们的投资理念相违背，那么，我们就需要调整自己的心态，保持冷静和理性。例如，当市场下跌时，我们可能会感到恐惧并想要抛售股票，但如果我们的投资理念是长期投资并看好该股票的未来潜力，那么我们就需要调整自己的恐惧情绪，保持冷静并继续持有该股票。

（三）情绪日记深化

在情绪日记中，记录对情绪背后原因的深度剖析。这有助于我们更全面地理解自己的情绪，并找到更有效的管理策略。

三、调控情绪：稳定心态，保持冷静

在理解情绪后，接下来我们还要学会调控这些情绪，以保持冷静和理性的投资状态。以下是一些具体的情绪管理技巧和方法。

（一）深呼吸与冥想

当情绪波动时，尝试进行深呼吸或冥想，以平复内心的波动。深呼吸有助于放松身心，冥想则可以帮助我们集中注意力并减少杂念。

（二）情绪释放与分享

与信任的朋友或家人分享自己的情绪感受。通过倾诉和分享，释放内心的压力和焦虑，并获得他们的支持和建议。

（三）制订情绪管理计划

为自己制订一个具体的情绪管理计划。例如，设定情绪触发点并制定相应的应对策略；在情绪波动时提醒自己保持冷静并遵循投资计划；在投资决策前进行情绪评估以避免冲动行为等。

（四）运用情绪调节技巧

学习并运用一些情绪调节技巧，如情绪转移法（将注意力从负面情绪转移到其他事物上）和情绪宣泄法（通过运动、写作等方式宣泄负面情绪）。

四、运用情绪：把握机会，创造价值

除了调控情绪外，我们还可以尝试运用情绪来创造投资价值。以下是一些具体的运用情绪的方法。

（一）识别市场情绪

通过观察市场的情绪变化来把握投资机会。例如，当市场出现恐慌性抛售时，我们可能会看到一些优质资产的价格被过度打压。此时如果我们能够保持冷静并识别出这种市场情绪的变化，就可以抓住这些投资机会获得超额收益。

（二）警惕个人情绪

当出现过度乐观或悲观情绪时，也要警惕这些情绪对投资决策的影响。我们可以通过反思自问和情绪逻辑分析来识别这些情绪并找到相应的应对策略。

（三）情绪驱动的投资策略

尝试制定一些基于情绪驱动的投资策略。例如，根据市场情绪的变化来调整自己的仓位，或者根据个人的情绪状态来选择适合自己的投资方式等。

（四）情绪与风险管理的结合

将情绪管理融入风险管理中。通过识别和理解自己的情绪状态来更准确地评估投资风险，并制定相应的风险管理策略。

提高情绪智力是我们在投资过程中必须面对和解决的问题。通过识别、理解、调控和运用情绪，我们就可以更加冷静和理智地进行投资决策，提高投资的成功率。

6.3 情绪管理：
控制情绪波动，投资时保持冷静

当我们遇到各种挑战和不确定性时，外部因素很容易引发我们的情绪波动，从而影响我们的投资决策。在这种情况下，要想成为成功的投资者，首先就要成为情绪的管理者。因此，我们需要学习如何控制情绪波动，保持冷静的头脑。

在这里，我们介绍一种简单而实用的方法——"6秒冷静法"，帮助你在投资决策时保持冷静，避免被情绪左右。

一、什么是"6秒冷静法"

"6秒冷静法"是一种情绪管理技巧，其核心在于，当个体遭遇情感高涨、情绪激动的瞬间，能够主动为自己预留出6秒钟的缓冲时间，以平复内心的波澜，实现情感的自我调控。这一方法的关键在于，它提醒我们在情绪高涨的临界点时，不要急于做出反应，而是应该给大脑一个短暂的缓冲期，以更全面的视角审视当前的情况，从而做出更为明智和理性的决策。

二、"6秒冷静法"的实践步骤

（一）情感的识别

当你感受到情绪的波动，如愤怒、焦虑等，首要任务是识别这些情绪。

这一步要求我们对自己的情绪有所觉察，而不是盲目跟随情绪的指引。

（二）6秒钟的停顿

在识别了情绪之后，接下来的任务是刻意地暂停6秒钟。这个时间段可以用于进行深呼吸、闭目养神或者默默地数到6。整个过程的目的是让自己的心境平复下来，中断当前的思绪和情绪反应。

（三）深思熟虑

在这段短暂的停顿中，避免立即对情绪波动的原因进行反思或对他人进行指责。而是要反问自己："我当前的反应是否有助于问题的解决？"或者"我是否能够采取一个更加理性的行动方案？"这一步至关重要，因为它为我们提供了选择如何应对情绪的机会。

（四）决策与行动

在6秒钟的冷静思考后，再根据你的反思结果，决定下一步行动，比如与他人进行平和的对话、寻求外部帮助，或是采取其他能够解决问题的有效行动。

三、"6秒冷静法"的原理

"6秒冷静法"在情感管理领域的显著效果，源于其巧妙地利用了我们大脑内部的自我调节机制。在情感起伏的瞬间，大脑中的"杏仁核"作为情感处理的中心会异常活跃，这是我们自然的情感反应过程。但关键在于，通过有意识地给自己6秒钟的缓冲时间，我们就能够引导大脑中的前额叶皮质介入这一过程，它负责更为高级的思维和情感调控。这样一来，我们就能更有效地掌控自己的情绪反应，避免冲动行为的发生。

此外，"6秒冷静法"还具备打破情感恶性循环的神奇功效。我们知道，一旦情绪被点燃，不假思索的行动往往会引发更多情绪的反弹，导致恶性循环。然而，通过在这短暂的6秒钟内停下来，审视自己的情绪和反应，我们能够及时刹车，打破这个恶性循环。这样的自我反思不仅让我们有机会重新审视问题，还能促使我们采取更为明智和理性的行动。

四、"6秒冷静法"的注意事项

在运用"6秒冷静法"时，有几点需要注意。

（一）真诚面对情绪

不要试图压抑或否认自己的情绪，要敢于直面并接受它们，因为它们也是人性的一部分。只有当你真正接纳了自己的情绪，才能更好地管理它们。

（二）避免形式主义

"6秒冷静法"并不是一个机械的过程，它的核心在于真正的内省和自我调节。不要仅仅为了完成"6秒"这个动作，而忽视了冷静思考。

（三）结合其他技巧

"6秒冷静法"可以与其他情绪管理技巧结合使用，如深呼吸、正念冥想或积极自我对话等，以增强情绪调节的效果。

（四）持续练习

情绪管理是一种技能，需要通过不断练习来提高。每次遇到情绪波动时，都尝试运用"6秒冷静法"，逐渐将其内化为自己的习惯。

（五）避免自我责备

如果在某些情况下没有成功地应用"6秒冷静法"，也不要自责。情绪管理是一个长期的过程，需要保持耐心和自我宽容。

（六）灵活应用

虽然"6秒冷静法"是一种有效的情绪管理方法，但它也不是万能的。在某些紧急情况下，可能需要更快地做出决策。因此，要根据具体情况灵活运用这种方法。

"6秒冷静法"是一个简单而有效的工具，在短短6秒的时间内，你就可以改变自己的反应，从而改变整个事态的走向。通过练习和坚持，你可以逐渐掌握这一技巧，并在投资决策中受益。

6.4 长期心态：

培养长远眼光，稳扎稳打

从本质上说，投资是一种对未来价值的判断与布局。它不同于赌博，赌博追求的是短期的、不确定的回报，而投资则追求的是长期的、稳定的收益。因此，投资的成功与否，往往不在于短期的市场波动，而在于长期的投资眼光和策略。因此，我们需要克服短期诱惑，调整心态，学会拒绝那些可能损害长期利益的看似诱人的短期行为。

一、学会说"不"

在投资领域，机会如同繁星点点，但并非每个都适合我们去追逐。对于那些不符合我们长期投资目标的机会，即使它们再诱人，我们也要坚定地加以拒绝。要想做到这一点，就需要我们具备清晰的目标认知和坚如磐石的意志力，不因眼前的利益动摇，始终坚守自己的投资原则和策略。通过说"不"，我们能确保投资计划的一致性和专注度，从而更好地实现长期的财富增长。

二、避免比较

在投资过程中，我们很容易陷入比较的陷阱。我们常常不自觉地将自己的表现与他人进行比较，看到别人赚得比自己多就心生焦虑，看到别人亏损就暗自庆幸。但要知道，每个人的投资策略、目标和风险承受能力都是不同的，这样的比较毫无意义。因此，我们应该专注于自己的投资计划和目标，保持内心的平静和坚定，不被他人的表现干扰。

三、限制信息过载

在信息时代，我们每天都会接触到大量的财经信息。这些信息有的来自权威媒体，有的来自自媒体，还有的来自社交媒体。不要认为信息多就必然有利，因为过多的信息反而可能让我们迷失方向，以致无法做出明智的投资决策。因此，我们需要选择几个可靠的信息源，并限制每天获取这些信息的时间。我们可以选择关注一些权威的财经媒体和专业的投资机构，他们的信息质量相对较高，有助于我们做出更加明智的投资决策。

四、时常自我提醒

在面临诱惑时，我们要时刻提醒自己：长期的投资目标和原则是什么。我们可以通过设置提醒、记录投资笔记或设置投资闹钟等方式来不断提醒自己。这些提醒可以帮助我们保持清醒的头脑，避免被眼前的利益迷惑。此外，我们还可以制定一些具体的投资策略和计划，并严格执行。这些策略和计划可以帮助我们更加系统地管理自己的投资，确保投资决策始终与长期目标保持一致。

五、尝试正念冥想

正念冥想是一种帮助我们保持内心平静和清醒的有效方法。通过冥想，我们可以更好地认识自己的情绪和欲望，从而在面对诱惑时保持冷静和理性。在冥想中，专注于自己的呼吸和内心感受，将注意力从外界的诱惑中抽离出来，回到自己的内心世界中。通过不断练习冥想，我们可以提高自己的觉察力和专注力，更好地应对市场的波动和诱惑。

六、确保价值观与投资一致

我们的投资决策应该与个人价值观相符。当投资决策与价值观相冲突时，我们可能会感到矛盾和不安。因此，这时就需要确保投资决策与个人价值观保持一致，从而减少因市场诱惑而偏离原则的风险；同时，还要不断审视和更新自己的价值观体系，以确保它们能够支撑我们的长期投资目标和策略。

七、尝试角色扮演

在面临重大投资决策时，我们可以尝试从第三方的角度来看待问题。比如，想象自己如果是一个理性的投资者，会如何看待当前的情况并做出决策。这种角色转换的方式有助于我们更客观地分析问题，避免被个人情绪和偏见左右。

八、培养延迟满足的习惯

在投资过程中，我们要学会培养延迟满足的习惯。这就意味着我们要为将来获得长期的、稳定的收益而暂时牺牲眼前的利益。通过设定小目标并逐步实现来锻炼耐心和自控力，这样我们才能在投资的道路上走得更远。

九、寻求社交支持

与那些理解和支持你投资理念的人进行交流，这是一项重要举措。他们的正面影响可以帮助你在面对诱惑时保持定力，不为诱惑所动。通过与志同道合的人交流经验和心得，你可以更深入地理解市场和投资的本质，从而更加坚定自己的投资理念和策略。

十、不忘自我激励

最后，自我激励也是一个重要的环节。当你成功抵制诱惑并坚持长期投资策略时，别忘了给自己一些非金钱的奖励。这些奖励可以是一次旅行、一顿美食、一本好书或者一次与朋友的聚会。这种自我激励的方式会转化为一种动力，激励你坚持下去，并在未来的投资道路上取得更好的成绩。

通过这些心理策略，投资者可以更好地管理自己的情绪和行为，避免在投资过程中受到短期诱惑的干扰，从而维持长期的投资视角和策略。

6.5 情绪与理性：

找到情绪和理性之间的平衡点

在进行投资决策时，情绪与理性仿佛两驾并行的马车，时而和谐共进，时而背道而驰。情绪，作为人类与生俱来的本能反应，往往让我们在投资决策中陷入冲动与盲目；而理性，则是我们经过深思熟虑、权衡利弊后得出的明智选择。如何在投资过程中找到情绪与理性之间的平衡点，这是每一位投资者必须面对的挑战。

我们需要认识到情绪与理性并非完全对立，而是可以相互补充、相互融合的。情绪能够提供直观的感知和反应，帮助我们在第一时间捕捉市场的微妙变化；而理性则能够提供客观的分析和判断，帮助我们在复杂的投资环境中做出明智的决策。因此，我们不主张完全摒弃情绪，但也不应该完全依赖理性，而是要在两者之间找到一个合适的平衡点。

那么，如何找到这个平衡点呢？我们不妨让情绪与理性进行一场"对话"。

一、意识与识别

情绪：我感到这个投资机会很激动人心，我想买进去！

理性：等等，让我们先冷静下来，评估一下这个机会的真正价值。

平衡点：情绪提供了投资的初始动力，而理性则确保我们不会盲目追求。我们需要识别情绪的根源，并通过理性分析来验证这些感觉是否有实际依据。

二、收集信息

情绪：听说这个公司即将发布新产品，市场反应很热烈。

理性：是的，但我们还需要查看公司的财报、市场分析报告，以及评估新产品对公司业绩的实际影响。

平衡点：情绪让我们注意到了市场的热点，而理性促使我们进行深入研究，确保我们的决策建立在坚实的数据和分析基础之上。

三、内心辩论

情绪：我觉得这个项目很有前景，我迫不及待想要投资！

理性：你的直觉可能是对的，但我们还需要考虑项目的可行性、团队的执行能力以及市场的竞争状况。

平衡点：情绪提供了对投资项目的直观反映，而理性则帮助我们从多个角度评估项目的可行性，确保我们的决策是全面的。

四、权衡利弊

情绪：这个投资可能会带来很高的收益，我觉得我们应该冒险一试。

理性：收益确实吸引人，但我们也要看到潜在的风险。我们需要权衡风险和回报，制订一个符合我们风险承受能力的投资计划。

平衡点：情绪让我们对收益充满期待，而理性则提醒我们注意风险。我们需要在追求收益的同时，确保风险处于可控范围内。

五、制定决策标准

情绪：我想尽快行动，市场不等人！

理性：我理解你的紧迫感，但在投入资金之前，我们需要确定一些决策标准，比如最低回报率、最大可接受损失等。

平衡点：情绪推动我们抓住机会，而理性确保我们在追求机会的同时，不会忽视投资的基本原则和标准。

六、模拟决策结果

情绪：如果我们的投资翻倍了，那将是多么令人兴奋的事情！

理性：是的，但我们也应该考虑如果投资失败的情况。我们需要为不同的结果准备应对策略。

平衡点：情绪让我们设想最好的情况，激发我们的积极性；而理性则确保我们对所有可能的结果都有所准备，包括不利的情况。

七、做出决策

情绪：我现在急切地希望看到我们的投资开始增长！

理性：让我们按照计划，一步步地执行。记住，耐心和纪律是成功的重要保证。

平衡点：情绪提供了行动的动力，而理性则确保我们的行动是有计划和有纪律的。我们需要在保持积极态度的同时，遵循既定的投资策略。

八、反思与学习

情绪：无论这次投资的结果如何，我都觉得我们学到了很多东西。

理性：确实，每次投资都是一个学习的机会。我们需要总结经验，无论成功还是失败，都要从中吸取教训。

平衡点：情绪让我们认识到从经验中学习，而理性则帮助我们从成功和失败中吸取教训，不断改进我们的投资策略。

通过这些"对话"和平衡点的总结，我们可以看到，情绪和理性在投资决策中都扮演着重要的角色。情绪带来直觉和动力，而理性则提供分析和纪律。通过两者之间的"对话"，我们可以更好地理解投资决策的复杂性，并找到一种既能激发我们投资积极性，又能保持我们决策严谨性的平衡方法。确立这种平衡，投资才能成功，这也是我们作为投资者不断追求的目标。

6.6 改变态度：
通过改变行为来影响态度

我们时常会被各种情绪困扰，在投资决策的关键时刻，这些情绪往往会成为我们决策的绊脚石。无论是因盈利而兴奋，还是因亏损而沮丧，情绪都可能使我们偏离理性，做出不明智的选择。然而，有一种方法可以帮助我们克服这种情绪的影响，那就是通过改变行为来影响我们的态度。

一、行为影响态度的心理学原理

在日常生活中，我们常常认为态度决定了行为，即我们的想法和信念会指导我们的行动。但心理学家指出，这种关系并非绝对。实际上，行为同样可以影响态度。当我们持续采取某种行动时，这些行动会逐渐塑造我们的态度，使我们更加倾向于保持这种行动。例如，当我们在投资中采取谨慎和分析性的行为时，这些行为会逐渐内化为我们对投资的态度，使我们变得更加理性和冷静。

二、为什么行为能够改变态度

这一观点主要基于心理学中的两个重要理论：自我知觉理论和自我效能感理论。

（一）自我知觉理论

该理论认为，我们通过观察自己的行为来推断自己的态度和信念。在投资中，当我们持续采取冷静、理性的投资行为时，这些行为会逐渐成为我们自我认知的一部分，从而增强我们的投资信心，使我们在面对市场波动时更加冷静和理性。

（二）自我效能感理论

该理论强调个人对自己能力的信念是影响其行为的重要因素。在投资中，当我们通过实际行动证明了自己有能力做出正确的投资决策时，我们的自我效能感会得到提高。在面对市场挑战时，这种自我效能感会让我们更加自信，从而更加坚定地执行自己的投资策略。

三、注意事项

（一）避免自我欺骗

在尝试改变行为以影响态度的过程中，诚实的自我评估是至关重要的。这意味着要识别并承认自己的真实动机，避免自我欺骗。例如，如果一个人想要通过投资来快速致富，而不是基于长期的财务规划，那么这种行为可能会导致高风险的投资决策，这与稳健投资的态度并不一致。因此，要确保你的行为与你的长期目标和价值观相匹配，并且对自身动机要有清晰的认识。

（二）防止过度自信

自我效能感的提升是积极的，因为它可以增强我们面对挑战时的信心。然而，过度自信可能会让我们忽视潜在的风险，导致我们做出不切实际的预期和决策。为了避免这种情况的发生，我们需要在自信与谨慎之间找到平衡点，也就是说在做决策时采用更多的数据分析，而不仅仅是依赖直觉。同时，对不同的观点和反馈保持开放的态度，这有助于我们获得更全面的视角。

（三）注意行为与价值观的一致性

我们的行为应该反映我们的价值观和长期目标。如果一个人声称重视家庭和工作生活的平衡，但行为上却总是加班到深夜，这种不一致性可能会导致内心的冲突和不满。为了确保一致性，我们需要定期检查自己的行为是否与我们所宣称的价值观相匹配。如果发现有偏差，就需要调整行为或重新评估我们的价值观。

（四）避免频繁改变行为

频繁改变行为模式可能会导致我们的态度和决策缺乏一致性。例如，如果一个投资者在不同的投资策略之间频繁切换，他可能会发现自己很难坚持任何一种策略，从而难以形成稳定的投资态度。所以，我们就要找到一种适合自己的行为模式，并在一段时间内保持这种模式，使之对我们的态度产生影响。

（五）不要忽视反馈

反馈是我们调整行为和态度的重要信息来源。无论是正面的还是负面的反馈，我们都应该认真对待。例如，如果我们的投资决策得到了市场的认可，这可能意味着我们的策略是有效的；而如果我们的决策导致了损失，这可能是一个信号，提示我们要对决策进行重新评估。通过倾听和分析反馈，我们可以更好地理解自己的行为，并做出相应的调整。

（六）避免完美主义

追求完美可能会给我们带来不必要的压力，使我们变得焦虑。在投资中，完美主义者往往过分关注每一个小的决策，却忽视了大局。要避免这种情况的发生，就需要我们接受不完美。其实，这也是学会进行投资决策的一部分，并不是失败的征兆。通过从错误中总结出教训，我们便可以逐渐改进策略，并养成一种更加积极和灵活的心态。

我们每个人的投资之路都是独特的，因此，在追求稳健的投资态度时，重要的是找到适合自己的方法，并持续进行调整和完善，这将使我们在面对市场波动时更加从容不迫，从而实现长期的财富目标。

6.7 深入情绪认知：
利用情绪对投资的积极作用

在投资的世界里，情绪往往被视为一个障碍，需要我们去克服，因为它可能导致冲动交易和决策失误。然而，如果我们能够深入理解并妥善利用情绪，它同样可以成为我们投资决策中的积极因素。下面，我们将深入探讨情绪在投资中的作用，以及如何有效地加以利用，使其成为我们投资成功的助力。

一、情绪作为直觉的体现

情绪往往是我们直觉的快速反应，它能够迅速捕捉市场中的微妙变化。例如，当市场出现恐慌情绪时，可能意味着市场即将迎来转折。作为投资者，我们需要学会倾听这些情绪的信号，它们可能是市场即将发生变化的预兆。理解并尊重这些情绪反应，我们就能更加警觉地面对市场，避免在市场高点盲目追涨或在市场低点恐慌性抛售。

二、情绪作为行动的催化剂

积极的情绪，如热情和信心，可以激发我们深入研究和分析潜在的投资机会。对投资项目的热情促使我们投入更多时间和精力进行深入研究，探索其价值和潜力。这种积极的情绪可以推动我们不断学习、不断进步，成为更优秀的投资者。

三、情绪作为风险管理的工具

情绪在风险管理中同样发挥着重要作用。当我们感到过度自信或贪婪时，这往往意味着我们可能忽视了潜在的风险。此时，我们需要意识到这些情绪，并及时调整自己的投资策略，避免不必要的损失。同样，当我们感到恐惧或不安时，也需要冷静分析市场状况，判断这种情绪是否基于合理的理由。通过理解并管理自己的情绪，我们就可以更好地识别和管理风险。

四、情绪作为决策的平衡器

在投资决策过程中，情绪可以作为一种平衡器，帮助我们找到理性与直觉之间的平衡点。在面对复杂的投资选择时，我们可能会陷入纠结和困惑之中。此时，情绪可以为我们提供一种直觉的指导，帮助我们快速做出决策。当然，这并不意味着我们要完全依赖情绪来做出决策，而是要在理性分析的基础上，结合情绪反应来做出更符合自己价值观和长期目标的决策。

五、情绪作为学习的经验

每次做出投资决策后的情绪反应，无论是喜悦还是失望，都是对我们投资行为的一种反馈。通过反思这些情绪背后的原因，我们可以更好地理解自己的投资行为模式，并在未来的投资中避免重复同样的错误。这种不断的学习和反思是我们成为优秀投资者的必由之路。

六、情绪作为适应性的标志

在投资市场中，适应性是至关重要的。只有能够快速适应市场情绪的变化，才更有可能在市场波动中保持冷静并抓住投资机会。情绪适应性强的投资者能够迅速调整自己的心态和策略以保持竞争力。

七、情绪作为团队合作的纽带

在团队投资中，情绪的共享和理解可以提高团队的凝聚力和合作效率。当团队成员能够相互理解和尊重彼此的情绪反应时，他们才有可能共同做出更好的投资决策。这种情感上的共鸣和支持是团队成功的关键因素之一。

八、情绪作为创新的源泉

情绪可以激发创新思维，推动我们跳出传统思维的框架，从而寻找新的投资路径。在面对投资挑战时，积极的情绪可以激发我们寻找新的解决方案并尝试不同的投资方法。这种勇于创新和尝试的精神就能使投资者在市场中保持竞争力。

九、情绪作为个人成长的驱动力

情绪体验是个人成长的重要驱动力之一。在投资过程中我们会经历各种情绪体验，包括成功和失败带来的喜悦和失望。这些情绪体验可以激励我们不断学习和进步，促使我们不断提高自己的投资能力和水平。不断克服情绪上的挑战，可以使我们变得更加成熟和自信，成为更优秀的投资者。

总之，情绪在投资中并非全部的负面因素，它也可以帮助我们做出更好的投资决策。关键在于如何认识、管理和利用自己的情绪，使其成为投资成功的助力。通过深入了解情绪认知，我们可以将其转化为投资中的积极动力，实现财富的稳健增长。

第七天
Day 07

学习认知
——不断进步的赚钱机器

7.1 终身学习：
学习是财富增长的不竭动力

在 21 世纪的今天，我们所处的世界正以前所未有的速度发展变化着。技术的革新、市场的波动、行业的更迭，这一切都对我们每个人提出了更高的要求。在这样的背景下，终身学习不再是一句空洞的口号，而是每个人实现财富增长、适应社会发展的必由之路。

一、终身学习的定义与重要性

终身学习，指的是一个人在整个生命过程中不断学习新知识、新技能的行为。这种学习超越了传统的学校教育，涵盖了工作、个人兴趣、社交等多个生活领域。终身学习的重要性体现在以下几个方面。

（一）适应性

社会在进步，行业在发展，终身学习能够帮助我们跟上时代的步伐，适应新的工作环境和市场需求。

（二）竞争力

随着全球化的深入，竞争愈发激烈。终身学习能够提升我们的专业技能和综合素质，增强我们在职场上的竞争力。

（三）创新力

学习新知识能够激发创新思维，创新是推动个人和企业财富增长的重要因素。

（四）风险管理

通过学习，我们能更好地识别和应对各种风险，避免在投资和职业发展中出现重大失误。

（五）人际关系

学习过程中的交流与合作能够拓展我们的社交网络，良好的人际关系是事业成功的重要助力。

二、如何实现终身学习

（一）设定具体的学习目标

明确自己的学习方向和目标，这有助于我们维持持续的学习动力和高度的专注力。例如，如果你想在金融领域有所建树，那么你就可以设定学习金融分析的目标，并制订详细的学习计划。

（二）选择合适的学习方式

根据个人的学习习惯和偏好，选择最适合自己的学习方式。有些人可能更喜欢通过阅读书籍来学习新知识，而有些人则更喜欢通过参加培训课程或在线学习平台来获取知识。此外，实践操作和模拟演练也是很好的学习方式，它们能够帮助我们更深刻地理解和掌握知识。

（三）注重实践应用

将理论知识应用于实际工作和生活中，通过实践来巩固和深化理解。例如，如果你学习了一种新的市场分析方法，你就可以尝试着将其应用于实际的股票投资，看看这种方法是否有效。

（四）持续反思与总结

定期回顾学习过程，总结经验教训，不断调整学习方法和策略。例如，如果你发现某种学习方法效果不佳，你就应该及时调整，寻找更适合自己的学习方式。

（五）保持好奇心和开放心态

对新知识、新技能保持好奇，对不同的观点和想法保持开放心态，这有助于我们不断拓宽自己的视野和思维方式。例如，当你接触到一种全新的技术或理论时，不要急于否定，而是要尝试去了解它，看看它是否能够为你带来新的视角。

（六）养成学习习惯

将学习纳入日常生活，使之成为日常生活的一部分，每天抽出固定时间进行学习。例如，你可以在每天早晨起床后阅读半小时的专业书籍，或者在晚上睡前听一听在线课程。

（七）利用现代技术

利用互联网和移动设备，获取在线课程、电子书籍、教育应用程序等资源。现代技术为我们提供了丰富的学习资源和便捷的学习方式，我们应该充分利用这些资源，提高学习效率。

（八）加入学习社群

加入学习小组或社群，与他人交流学习心得，共同进步。与志同道合的人一起学习，可以激发我们的学习热情，也可以从他人的经验中学习到宝贵的知识。

（九）时间管理

合理安排时间，确保有足够的时间用于学习，同时也要注意休息和娱乐，保持生活节奏的平衡。时间管理是终身学习的重要环节，我们需要学会如何在繁忙的工作和生活中抽出时间来学习。

（十）投资自我

要充分认识到学习是一种投资，愿意为提升自己而投入时间和金钱。终身学习需要持续地投入，包括时间、精力和金钱。我们应该把学习看作一种长期的投资，而不是短期的花费。

终身学习不仅能够提升个人的技能和知识，还能够培养出一种持续进步的心态。在财富增长的道路上，这种心态至关重要。它能够帮助我们在面对挑战时保持冷静、抓住机遇、敢于行动。通过终身学习，我们能够不断提升自己的价值，从而在职场上获得更高的回报，在市场上捕捉到更多的商机。

7.2 知识管理：
管理你的知识，就像管理你的财富

在浩如烟海的信息海洋中，知识就像无形的财富，其价值无法用金钱来衡量。然而，仅仅拥有知识是不够的，更重要的是如何管理这些知识，使之转化为真正的财富。知识管理，就是对我们所掌握的知识进行系统化、规范化地整理、存储、分享和应用的过程。通过有效的知识管理，我们可以更好地掌握所学的知识，提高学习效率，进而在职场和商场上取得更多的成功。

一、深刻认识知识管理的重要性

知识管理并非对知识的简单堆积，它要求我们深入理解并有效应用知识。通过知识管理，我们可以更清晰地认识到自己的知识结构和知识体系，从而有针对性地进行学习和补充。同时，知识管理还可以帮助我们提高学习效率，避免重复学习和无效学习。更重要的是，通过有效的知识管理，我们可以更好地将所学知识应用到实际工作中去，提高自己的工作能力和竞争力。

二、构建个人财富知识库的步骤

（一）明确知识领域

构建个人财富知识库的第一步是明确想要积累的知识领域，这些领域可能包括我们的专业领域、兴趣爱好、职业发展等。明确领域后，我们就可以有针对性地进行学习和积累，避免盲目学习和浪费时间。

（二）建立知识分类体系

为了方便我们查找和应用知识，我们需要建立一个合理的知识分类体系。这个体系可以根据我们的实际情况来制定，比如按照学科、主题、项目等进行分类。同时，我们还可以根据知识的重要性和紧急程度进行优先级排序，确保我们能够率先学习和掌握最重要的知识。

（三）收集与整理

有了分类体系后，我们就可以开始收集和整理知识了。收集知识的途径有很多，比如阅读书籍、浏览网页、参加培训等。在收集过程中，我们要注意筛选和提炼，确保所收集的知识是有价值的；同时，我们还要将收集到的知识进行整理，按照分类体系进行归类。这样，就能方便我们的查找和使用。

（四）存储与备份

知识的存储和备份是知识管理中非常重要的一环。我们可以利用电子文档、云存储等工具来保存我们的知识；同时，为了防止数据丢失或损坏，我们还要定期备份我们的知识库；此外，我们还可以考虑将知识库分享给家人或朋友，以便在需要时能够及时获取和使用。

（五）分享与交流

知识管理的最终目的是要将知识应用到实践中去，而分享和交流是知识应用的重要途径。通过分享和交流，我们可以将自己的知识传播出去，同时也可以从他人那里学习到新的知识和经验。因此，我们要积极参与各种社交活动和学习社群，与他人分享和交流自己的知识。

三、优化知识管理的策略

（一）持续学习与更新

知识是不断更新的，因此我们要时刻关注行业动态和新技术的发展，及时更新自己的知识体系；同时，我们还要学会从失败中吸取教训，不断优化自己的知识库。

（二）建立学习笔记

在学习过程中，我们可以建立学习笔记来记录自己的思考和收获。学习笔记不仅可以帮助我们回顾所学的知识，还可以促进我们的思考和总结；同时，学习笔记也是我们知识库的重要组成部分，它可以帮助我们更好地回顾和巩固所学知识。

（三）利用技术工具

现在有很多技术工具可以帮助我们进行知识管理，比如思维导图、知识图谱、在线学习平台等。我们可以根据自己的需求选择合适的工具来辅助自己的知识管理。这些工具可以帮助我们更加高效地整理、存储和分享知识。

（四）定期回顾与总结

定期回顾和总结是优化知识管理的重要手段。通过回顾和总结，我们可以了解自己的学习情况和进步程度，发现问题和不足，进而调整自己的学习策略和方法；同时，我们还可以将所学知识应用到实际工作中去，检验知识的实用性和有效性。为了确保知识管理实践的有效性，定期测量和成果评估是必不可少的。可以通过设定具体的评估标准，如知识应用的实际效果、学习效率的提升，或是新知识的掌握程度等来实现。

知识管理是一个持续的过程，它要求我们不断地学习、整理、分享和创新。通过有效的知识管理，我们可以构建起一个强大的个人财富知识库，这将是我们实现财富自由的坚实基础。

7.3 学习加速器：

利用学习曲线，让你的财富增长更快

学习曲线是一个描述学习效率与时间、经验之间关系的模型。它通常呈现为一条曲线，横轴代表时间或经验的累积，纵轴代表技能水平或效率。学习曲线的特点是初期进步较慢，随着时间和经验的增加，进步速度逐渐加快，但最终会趋于平缓，达到一个高原期，这时候要想再进步，就需要付出更多的努力和时间。这一现象在任何学习领域都有所体现，无论是学习新的技术、管理方法还是投资策略。通过理解和利用学习曲线，我们可以加速财富增长的步伐。

一、初始阶段（缓慢起步）

在这个阶段，学习者对新技能或知识了解有限，因此进步显得缓慢。这是一个正常的开始，因为需要时间来适应和理解新的概念。

（一）理解基本概念

投入时间去理解新领域的基础概念和术语。这就像是为一座房子打地基，没有坚实的基础，后续的房子就无法稳固。

（二）选择合适的资源

找到适合初学者的学习材料，如入门书籍、基础课程或教程。选择合适的资源可以避免在错误的方向上浪费时间。

(三)设定短期目标

设定可实现的短期目标,以保持动力和兴趣。短期目标可以帮助我们保持学习的兴趣,并在达成目标时获得成就感。

(四)练习基本技能

通过练习基本技能来建立信心,如简单地练习或模拟项目。实践是检验真理的唯一标准,通过实践可以深化理解和应用所学知识。

(五)耐心和持续性

保持耐心,不要因为初期进步缓慢而气馁。学习是一个长期的过程,需要持之以恒地努力。

二、加速阶段(快速提升)

在这个阶段,学习者开始掌握基础知识,并能够将其应用于更复杂的问题或任务中。进步速度加快,因为学习者已经建立了一定的理解和技能基础。

(一)应用所学

将所学知识应用于实际问题或项目中,以加深理解。应用知识是巩固学习成果的最佳方式。

(二)挑战更复杂的任务

逐步尝试更复杂的任务或问题,以提升技能水平。通过不断挑战自我,我们可以持续提升自己的能力。

(三)寻求反馈

从导师或同行那里获取反馈,了解自己的优点和需要改进的地方。反馈是成长的催化剂,它可以帮助我们更快地发现问题并加以改进。

(四)建立学习网络

加入相关的社群或论坛,与其他学习者交流经验。与他人交流可以拓宽视野,获得新的启发。

(五)时间管理

合理安排时间,确保有足够的时间来深化学习。有效的时间管理可以提高学习效率,确保学习计划的顺利进行。

三、高原阶段（稳定期）

在这个阶段，学习者已经达到了一定的技能水平，但进步开始放缓。这是一个关键的转折点，需要更深入地练习和理解才能继续提升。

（一）深入学习

深入研究更高级的概念和技能，以突破当前的水平。深入学习可以帮助我们突破瓶颈，达到新的高度。

（二）专业指导

寻求专家或导师的指导，以提升认知水平。专家的指导可以为我们提供宝贵的建议，避免走弯路。

（三）创新和实验

尝试新的学习方法或不同的应用场景，以激发新的学习动力。创新和实验可以带来新的学习体验，增添学习的乐趣。

（四）反思和总结

定期反思学习过程，总结经验教训，调整学习策略。反思和总结可以帮助我们更好地理解自己的学习过程，发现并解决问题。

（五）持续挑战

不断给自己设定新的目标，迎接新的挑战，避免"躺平"在舒适区。持续的挑战可以激发我们的学习热情，保持学习的动力。

无论在哪个阶段，都要认识到学习是一个动态的过程，需要不断地努力。在初始阶段，我们需要耐心和坚持，不要因为进步缓慢而放弃；在加速阶段，我们要敢于挑战自己，不断提升自己的能力；而在高原阶段，我们则要更加深入学习，不断创新，以寻求新的突破。

学习曲线是我们在追求知识和技能提升过程中的重要参考。通过理解和利用学习曲线，我们可以更好地规划自己的学习路径，采取有效的学习策略，从而在财富增长的道路上更快前进。

7.4 适应性学习：
提高适应性，抓住每一个赚钱机会

当今世界飞速发展，技术的革新、市场的波动、行业的更迭，这一切都对我们个人提出了更高的要求。在这样的背景下，适应性学习成为个人成长和财富积累的重要环节。它不再仅仅是一个学习理念，更是一种生存技能。只有树立这样的理念，培养这样的技能，我们才能够在变化莫测的环境中，找到自己的立足点，才能抓住每一个赚钱的机会。那么，我们应该适应什么，又该如何进行适应性学习呢？

一、技术变革的适应性学习

技术是推动现代社会发展的引擎。适应性学习要求我们紧跟技术的步伐，掌握新技术可以提高工作效率和创新能力。

（一）持续关注新技术

通过订阅科技新闻、参加技术研讨会、加入专业社群，保持对新技术的敏感性。

（二）实践操作

通过在线教程、工作坊或实验项目，亲自动手实践新技术，不断加深理解。

（三）技术应用

探索如何将新技术应用于现有工作流程中，提高效率，创造新的价值。

（四）跨学科学习

技术贯穿各个领域并形成交叉，如金融科技结合了金融与科技，学习跨学科知识就可以拓宽视野等。

（五）建立技术思维

培养对技术的深入理解，不仅仅是理解如何使用，更要理解其背后的原理和逻辑。

二、市场动态的适应性学习

市场的不断变化要求我们能够快速响应，更新商业策略以适应新的市场趋势和消费者行为。

（一）市场研究

定期进行市场趋势分析，了解消费者需求的变化，预测未来的市场动向。

（二）案例学习

研究成功企业的案例，学习它们如何应对市场变化，抓住机遇。

（三）客户反馈

重视客户的反馈，它们是市场动态信息的直接来源。

（四）灵活策略

制定灵活的商业策略，能够快速调整以适应市场变化。

（五）持续教育

参加市场营销和消费者行为的培训，提升对市场动态的理解和应对能力。

三、行业标准的适应性学习

行业规则和最佳实践的变化要求我们及时调整工作流程,以符合新的行业标准。

(一)行业更新
关注行业协会、监管机构的公告,了解最新的行业规则和标准。

(二)合规培训
参加合规性和行业标准的培训,确保自己的操作符合最新要求。

(三)流程优化
根据新的行业标准,审视和优化现有的工作流程,提高效率和质量。

(四)同行交流
与同行交流,了解他们是如何应对行业变化的,从中吸取经验。

(五)参与标准制定
积极参与行业标准的讨论和制定,提前准备应对策略。

四、个人发展的适应性学习

个人职业目标的变化要求我们学习新的技能,以保持竞争力和实现职业发展。

(一)职业规划
定期审视和更新个人职业规划,确保学习内容与职业目标一致。

(二)技能评估
进行自我技能评估,识别需要提升或新学的技能。

(三)终身学习
培养终身学习的习惯,不断更新知识和技能。

(四)学习资源利用
充分利用在线课程、书籍、研讨会等资源,进行自我提升。

(五)网络建设
建立专业人脉网络,与同行交流学习心得,互相学习。

五、全球事件的适应性学习

全球经济和政治事件对商业决策具有深远的影响，适应性学习要求我们能够理解和应对这些宏观变化。

（一）全球视野

培养全球视野，关注国际新闻，了解全球经济和政治动态。

（二）宏观经济学

学习宏观经济学基本原理，理解全球事件对经济的影响。

（三）地缘政治分析

关注地缘政治分析，了解政治事件对商业环境的影响。

（四）风险管理

学习风险管理知识，提高对全球事件引发风险的识别和管理能力。

（五）国际交流

参与国际交流，了解不同文化和商业习惯，提高跨文化沟通能力。

适应性学习是一种生活态度，它要求我们保持好奇心，对变化保持敏感，勇于接受挑战，并且不断地进行自我提升。在不断变化的世界中，只有不断适应新变化，不断学习的人，才能在财富的竞赛中赢得先机。让我们一起，以学习为桥梁，跨越每一个挑战，迎接每一个机遇！

7.5 学习型团队：

构建一个共同成长的团队，一起赚钱

在追求财富增长的道路上，一个人的力量是有限的。构建一个学习型团队，不仅能让团队成员之间互相学习、共同成长，还能为财富的持续增长提供源源不断的动力。那么，如何构建一个这样的团队呢？

一、明确学习型团队的重要性

学习型团队是指一个能够不断学习、适应变化、创新发展的团队。在这个团队中，每个成员都视学习为一种生活方式，并通过不断学习来提升自己的能力和素质，进而为团队的整体发展做出贡献。学习型团队的重要性表现在以下几个方面：

（一）增强团队的市场竞争力

通过学习，团队成员能够不断掌握新知识、新技能，提升自己的专业素养和综合能力，从而使团队在市场竞争中更具优势。

（二）激发团队成员的创新能力

通过学习，能够激发团队成员的创新思维，让他们在面对问题和挑战时能够提出新颖的解决方案，为团队的持续发展注入活力。

（三）增强团队的凝聚力

通过学习，团队成员能够共同分享知识、经验和智慧，增进彼此之间的了解和信任，形成更加紧密的团队关系。

二、构建学习型团队的策略

（一）树立共同的学习愿景

构建学习型团队的第一步是树立一个清晰且具体的共同学习愿景，以激发团队成员的学习热情。例如，可以设定一个目标，让团队成员在一年内掌握某项新的技能或知识，并将这个目标作为团队的共同追求。

（二）营造积极的学习氛围

要营造一个积极的学习氛围，让团队成员愿意主动学习、分享知识。可以通过定期组织学习会议、分享会议等活动，让团队成员有机会展示自己的学习成果，同时也可以从他人的分享中获得启发和收获。此外，还可以建立学习奖励机制，对表现优秀的团队成员给予表彰和奖励，以激发他们继续学习的热情。

（三）建立有效的学习机制

要建立一个有效的学习机制，确保团队成员能够持续地学习和成长。可以通过制订学习计划、安排培训课程等方式，为团队成员提供学习资源和支持；同时，还要鼓励团队成员自主学习、自我提升，让他们在工作中不断地积累经验、提升自身的能力。

（四）鼓励跨界交流与合作

要鼓励团队成员进行跨界交流与合作，让他们有机会接触到不同的领域和知识。这不仅可以拓宽团队成员的视野和思维方式，还可以促进团队成员之间的知识共享和互相学习。例如，可以组织跨部门的合作项目、邀请外部专家举办讲座等方式，让团队成员有机会与其他领域的专家进行交流与合作。

（五）培养团队成员的反思能力

要培养团队成员的反思能力，让他们在工作中不断总结经验、发现问题并寻求解决方案。可以定期组织团队反思会议、鼓励团队成员撰写工作日志等，通过这些方式，让大家有机会回顾总结经验，吸取教训，不断进步。

三、保持学习型团队的活力

要保持学习型团队的活力，就需要不断地为团队注入新的元素和动力。我们可以通过以下方式来实现：

（一）定期更新学习内容

要根据市场变化和技术发展，定期更新学习内容，确保团队成员掌握最新的知识和技能。

（二）引入新的学习方法和工具

可以引入新的学习方法和工具，如在线学习平台、虚拟现实技术等，为团队成员提供更加便捷、高效的学习体验。

（三）鼓励团队成员参与外部培训

可以鼓励团队成员参加外部的培训课程或研讨会，让他们有机会接触到更多的知识和经验，并将其带回团队中与大家分享。

（四）建立学习成果的展示平台

可以建立学习成果的展示平台，让团队成员有机会展示自己的学习成果和进步情况，从而激发他们的学习热情和自信心。

通过以上策略的实施，我们可以构建一个充满活力、不断进步的学习型团队，让团队成员在共同学习的过程中实现财富的共同增长。

7.6 学创结合：

将学习和创新结合起来，发现更多机会

在快速变化的现代社会，学习和创新是个人成长的双轮驱动，也是财富增长的两大引擎。将学习和创新结合起来，就可以形成一种强大的动力，推动我们在职业和商业领域不断探索新的财富增长机会。

一、学习：创新的基石

学习是个人和职业成长的核心。在知识更迭日新月异的今天，持续学习成为我们适应变化、把握机遇的重要环节。通过学习，我们能够掌握前沿的专业知识，洞察行业动态，理解新兴技术如何影响市场和消费者行为。例如，通过学习数据分析，我们可以更好地理解消费者需求，从而创新营销策略，提升产品竞争力。学习还能帮助我们构建起坚实的理论基础，这是创新不可或缺的基石，因为创新往往源于对现有知识的深入理解和批判性思考。

二、创新：学习的延伸

创新是学习的自然延伸。它要求我们不仅仅满足于获取知识，还要运用这些知识去探索未知，解决问题。创新可能是一项新产品的研发，也可能是对现有服务流程的优化。在商业实践中，创新能够帮助企业降低成本、提高

效率、增强用户体验。例如，通过创新，企业可以开发出更加智能化的生产系统，减少人工干预，提升产品质量。同时，创新也是企业响应市场变化、满足消费者新需求的重要手段。通过不断学习和创新，企业能够在激烈的市场竞争中保持领先优势。

三、学创结合的策略

将学习和创新有效结合，可以使我们发现和把握更多的财富增长机会。以下是一些具体的策略：

（一）建立学习与实践的循环

有效的学习不仅仅是吸收知识，更重要的是将知识应用于实践。在工作中遇到的问题可以成为学习的契机，通过学习找到解决问题的方案，然后将这些方案实施于工作之中。这种"学习—实践—再学习"的循环不仅能够帮助我们解决眼前的问题，还能够为未来迎接挑战做好准备。

（二）培养跨界思维

跨界思维能够打破传统思维的界限，将不同领域的知识和技能相融合，创造出全新的解决方案。例如，将金融科技应用于教育领域，可以打造出个性化的金融学习产品，满足不同学生的学习需求。跨界思维要求我们保持好奇心，勇于探索未知领域，这将极大地激发我们的创新潜能。

（三）鼓励试错和快速迭代

创新过程中的试错是不可避免的。我们应该建立一种容错文化，鼓励团队成员勇于尝试新思路，即使失败了也能够从中学习，吸取经验教训，快速调整方向。通过快速迭代，我们可以持续改进产品或服务，直至找到最有效的解决方案。

（四）利用技术工具辅助学习

现代技术工具极大地丰富了我们的学习方式。通过在线课程，我们能够随时随地学习新知识，虚拟现实技术可以提供沉浸式的学习体验，人工智能为我们提供了个性化的学习路径。这些工具不仅提高了学习的效率,也为创新提供了新的思路和方法。

冯先生是一位充满激情的教育行业创业者,通过深入学习互联网技术和教育理论,洞察到了传统教育模式的不足。他决心利用科技手段创新教育体验,于是创立了一个在线教育平台。

冯先生的学习之路始于对在线教育技术的全面掌握。他参加了多门相关课程,深入研究了用户界面设计和学习行为分析。他将这些知识与自己对教育的深刻理解相结合,构想出了一个能够根据学生个人学习情况提供定制化教学内容的平台。

为了实现这一创新理念,冯先生设计了一套智能算法,该算法能够分析学生的学习数据,实时调整教学策略。此外,他还建立了一个互动社区,鼓励学生和教师之间的交流与合作,以增强学习体验的互动性和社区感。

冯先生的创新不仅不限于技术层面,他还积极探索新的商业模式,如订阅服务和按需学习,以满足不同用户的需求。他的平台很快吸引了一批忠实用户,并在教育领域引起了广泛关注。

通过不断地学习和市场反馈,冯先生持续优化平台功能,引入了更多创新特性,如游戏化学习元素。这些创新提升了教学质量,并且增强了学生的学习动力。

冯先生的故事证明了,将学习与创新紧密结合,可以发现并抓住新的市场机会。他的在线教育平台不仅为学生提供了更灵活高效的学习方式,也为他在教育市场中赢得了一席之地,并实现了财富的增长。

学习是创新的基础,创新是学习的延伸。这两者相辅相成,共同构成了个人和组织持续成长和发展的动力源泉。时代在发展,我们只有不断学习,才能紧跟时代的步伐，把握未来的脉动；只有不断创新，才能在竞争激烈的市场中找到自己的立足点，实现价值的最大化。因此，我们要拥抱学习，激发创新，让知识和创造力成为我们通往成功的双翼。

7.7 学习反馈：
从经验中学习，不断优化你的赚钱策略

经验，是我们人生旅途中的宝贵财富。它来自我们每一次的尝试、每一次的失败、每一次的成功。这些经历，无论好坏，都是我们成长的基石，是我们不断优化赚钱策略的重要依据。通过反思经验，我们可以了解自己在市场中的定位，从而发现自身的优势和不足，制定出更加适合自己的赚钱策略。

一、分析成功经验：经验的作用与启示

成功经验是我们学习和成长的重要资源，通过分析成功的经历，我们可以理解经验在其中起到的关键推动作用。

（一）提供宝贵案例

成功的经验为我们提供了宝贵的案例研究。通过深入分析这些案例，我们可以了解成功的关键因素、决策背后的逻辑及实施过程中的细节。这些经验不仅为我们提供了可借鉴的模板，还帮助我们形成了独特的思维方式和决策框架。

（二）增强自信心

成功的经验能够增强我们的自信心。当回顾过去的成功经历时，我们会深刻意识到自己的能力和发展潜力，从而增强我们的自信心。这种自信心能够激发我们面对未来挑战的勇气，使我们更加坚定地追求自己的目标。

（三）促进自我反思

成功的经验还能促进我们的自我反思。在回顾成功经历的过程中，我们会思考自己为何能够成功，以及这些成功背后有哪些值得保留和发扬的优点。这种反思能够帮助我们更加清晰地认识自己，发现自己的不足，并寻求改进的措施。

二、吸取失败教训：经验的价值与意义

失败同样是我们学习和成长的重要组成部分，通过分析失败的原因，我们可以从中吸取教训，避免在未来重蹈覆辙。

（一）揭示问题的根源

失败能够揭示我们存在的问题和不足。当我们面对失败时，我们会反思自己的决策和行为，找出导致失败的原因。这种反思能够帮助我们识别自己的盲点和弱点，为未来的决策提供有力的支持。

（二）激发求知欲

失败还能激发我们的求知欲。当我们意识到自己的不足时，我们会渴望寻找解决问题的方法和途径。这种求知欲能够推动我们不断学习新知识、掌握新技能，提高自己的综合素质和能力。

（三）培养韧性

从失败中吸取教训能够培养我们的韧性。面对失败，我们需要保持冷静和理性，从失败中吸取教训并重新调整自己的策略。这种韧性能够帮助我们在面对困难和挑战时更加坚韧不拔，最终走向成功。

三、应用学习成果：经验的转化与实践

总结经验，吸取教训，从而在未来的决策中优化赚钱策略，为此，我们需要将学习成果转化为实际行动，不断改进和优化自己的投资策略和方法。

（一）调整投资策略

根据以往的教训，我们需要调整自己的投资策略，比如，改变投资组合

的配置、调整风险管理策略或改进市场分析方法等。通过不断调整和优化投资策略，我们就能够更好地适应市场变化，提高投资的盈利能力。

（二）优化决策过程

在做出新的决策时，我们应该避免重复过去的错误，并在决策过程中更加谨慎和理性。通过优化决策过程和方法，提高决策的质量和效率，降低投资风险。

（三）持续学习与进步

从经验中学习是一个持续的过程。我们应该始终保持学习和进步的态度，不断积累经验、总结教训并寻求改进。通过持续学习和进步，我们能够不断提高自己的投资能力和水平，为未来的投资之路奠定坚实的基础。

学习结合创新是我们不断优化赚钱策略，提高投资能力和水平的重要途径。我们需要认真分析成功经验、吸取失败教训，并将学习成果转化为实际行动。只有这样，我们才能在投资道路上不断前行并取得成功。